数 字 艺 术 精 品 课 程 培 训 教 材

Ai

中文版

Illustrator 2022

基础培训教程

数字艺术教育研究室 编著

人民邮电出版社

北京

图书在版编目（CIP）数据

中文版Illustrator 2022基础培训教程 / 数字艺术
教育研究室　编著. -- 北京：人民邮电出版社，2024.3
ISBN 978-7-115-63308-8

Ⅰ. ①中… Ⅱ. ①数… Ⅲ. ①图形软件—教材 Ⅳ.
①TP391.412

中国国家版本馆CIP数据核字(2023)第243374号

内 容 提 要

本书全面系统地介绍了 Illustrator 2022 的基本操作方法和矢量图形的制作技巧，包括初识
Illustrator 2022、图形的绘制与编辑、路径的绘制与编辑、对象的组织、颜色填充与描边、文本的创建
与编辑、图表的创建与编辑、图层和蒙版、混合与封套、效果的使用及商业案例实训等内容。

本书以课堂案例为主线，通过对各案例实际操作的讲解，带领读者快速熟悉软件功能和艺术设计
思路。书中的软件功能解析部分能使读者深入学习软件功能；课堂练习和课后习题可以拓展读者的实
际应用能力，使读者熟练掌握软件使用技巧；商业案例实训可以帮助读者快速掌握商业图形的设计理
念，使读者顺利达到实战水平。

本书的配套资源包括书中所有案例的素材、效果文件和在线教学视频，以及教师专享的教学大纲、
教案、PPT 课件、教学题库等，读者可通过在线方式获取这些资源，具体方法请参看本书前言。

本书适合作为院校和培训机构艺术专业课程的教材，也可作为 Illustrator 自学人士的参考用书。

◆ 编　　著　数字艺术教育研究室
　　责任编辑　张丹丹
　　责任印制　马振武

◆ 人民邮电出版社出版发行　　北京市丰台区成寿寺路 11 号
　　邮编 100164　电子邮件 315@ptpress.com.cn
　　网址 https://www.ptpress.com.cn
　　保定市中画美凯印刷有限公司印刷

◆ 开本：775×1092　1/16
　　印张：15.25　　　　　　　　2024 年 3 月第 1 版
　　字数：360 千字　　　　　　 2024 年 3 月河北第 1 次印刷

定价：59.80 元

读者服务热线：(010)81055410　印装质量热线：(010)81055316
反盗版热线：(010)81055315
广告经营许可证：京东市监广登字 20170147 号

前 言

    Illustrator是由Adobe公司开发的矢量图形处理软件，它在插图设计、字体设计、广告设计、包装设计、界面设计、VI设计、动漫设计、产品设计和服装设计等领域都有广泛的应用。该软件功能强大，易学易用，深受图形图像处理爱好者和平面设计人员的喜爱。

    为了广大读者能更好地学习Illustrator软件，数字艺术教育研究室根据多年经验编写了针对这一软件的基础教程。本书全面贯彻党的二十大精神，以社会主义核心价值观为引领，传承中华优秀传统文化，坚定文化自信，更好地体现时代性，把握规律性，富于创造性。

如何使用本书

01   **精选基础知识，快速上手 Illustrator**

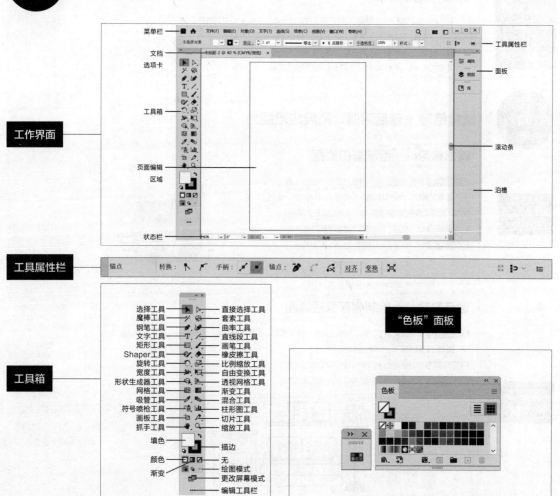

课堂案例 + 软件功能解析，边做边学软件功能，熟悉设计思路

2.4 对象的编辑 —— 讲解绘图 + 文本 + 图表 + 特效四大核心功能

Illustrator 2022提供了强大的对象编辑功能，本节将讲解编辑对象的方法，其中包括对象的多种选取方式，对象的缩放、移动、镜像、旋转和倾斜，对象操作的撤销和恢复，以及使用"路径查找器"面板编辑对象等。

2.4.1 课堂案例——绘制祁州漏芦花卉插图

案例学习目标 学习使用绘图工具、比例缩放工具、旋转工具和镜像工具绘制祁州漏芦花卉插图。

案例知识要点 使用椭圆工具、比例缩放工具、"描边"面板和"变换"面板绘制花托，使用直线段工具、椭圆工具、旋转工具和镜像工具绘制花蕊，使用直线段工具、矩形工具、删除锚点工具、镜像工具绘制茎叶。祁州漏芦花卉效果如图2-158所示。

02 选择矩形工具▢，绘制一个与页面大小相同的矩形，设置填充色为淡绿色（RGB值为242、249、244），描边色为"无"，效果如图2-159所示。按Ctrl+2快捷键，锁定所选对象。

03 选择椭圆工具◯，按住Shift键的同时在适当的位置绘制一个圆形，设置填充色为洋红色（RGB值为255、108、126），描边色为"无"，效果如图2-160所示。

2.4.2 对象的选取

在Illustrator 2022中，提供了5种选择工具，包括选择工具▶、直接选择工具▷、编组选择工具▷⁺、魔棒工具✕和套索工具⊗。它们都位于工具箱的上方，如图2-194所示。

图2-194

选择工具▶：通过单击路径上的一点来选择整个路径。

课堂练习 + 课后习题，拓展应用能力

课堂练习——绘制麦田插画

练习知识要点 使用椭圆工具、直线段工具、锚点工具、"变换"命令、镜像工具和"路径查找器"命令绘制麦穗图形，使用"画笔"面板、画笔工具新建和应用画笔。效果如图2-278所示。

素材所在位置 学习资源\Ch02\素材\绘制麦田插画\01。

效果所在位置 学习资源\Ch02\效果\绘制麦田插画.ai。

图2-278

课后习题——绘制客厅家居插图

习题知识要点 使用圆角矩形工具、镜像工具绘制沙发图形，使用矩形工具、圆角矩形工具、"路径查找器"面板绘制鞋柜图形。效果如图2-279所示。

素材所在位置 学习资源\Ch02\素材\绘制客厅家居插图\01。

效果所在位置 学习资源\Ch02\效果\绘制客厅家居插图.ai。

图2-279

插画设计

Banner设计

书籍封面设计

海报设计

包装设计

教学指导

本书的参考学时为64学时，其中讲授环节为30学时，实训环节为34学时，各章的参考学时可以参见下表。

章	课程内容	学时分配	
		讲授	实训
第1章	初识 Illustrator 2022	2	0
第2章	图形的绘制与编辑	4	4
第3章	路径的绘制与编辑	4	4
第4章	对象的组织	2	2
第5章	颜色填充与描边	4	4
第6章	文本的创建与编辑	2	2
第7章	图表的创建与编辑	2	2
第8章	图层和蒙版	2	2
第9章	混合与封套	2	2
第10章	效果的使用	2	4
第11章	商业案例实训	4	8
学时总计		30	34

配套资源

●学习资源

案例素材文件	最终效果文件	在线教学视频	赠送扩展案例

●教师资源

教学大纲	授课计划	电子教案	PPT 课件
教学案例	实训项目	教学视频	教学题库

这些配套资源均可在线获取，扫描"资源获取"二维码，关注"数艺设"的微信公众号，即可得到资源文件获取方式，并且可以通过该方式获得在线教学视频的观看地址。如需资源获取技术支持，请致函szys@ptpress.com.cn。

提示：微信扫描二维码关注公众号后，输入51页左下角的5位数字，获得资源获取帮助。

资源获取

教辅资源表

本书提供的教辅资源可参见下面的教辅资源表。

教辅资源类型	数量	教辅资源类型	数量
教学大纲	1 套	课堂案例	19 个
电子教案	11 单元	课堂练习	19 个
PPT 课件	11 个	课后习题	19 个

与我们联系

我们的联系邮箱是 szys@ptpress.com.cn。如果您对本书有任何疑问或建议，请您发邮件给我们，并请在邮件标题中注明本书书名及ISBN，以便我们更高效地做出反馈。

如果您有兴趣出版图书、录制教学课程，或者参与技术审校等工作，可以发邮件给我们。如果学校、培训机构或企业想批量购买本书或"数艺设"出版的其他图书，也可以发邮件联系我们。

关于"数艺设"

人民邮电出版社有限公司旗下品牌"数艺设"，专注于专业艺术设计类图书出版，为艺术设计从业者提供专业的图书、视频电子书、课程等教育产品。出版领域涉及平面、三维、影视、摄影与后期等数字艺术门类，字体设计、品牌设计、色彩设计等设计理论与应用门类，UI设计、电商设计、新媒体设计、游戏设计、交互设计、原型设计等互联网设计门类，环艺设计手绘、插画设计手绘、工业设计手绘等设计手绘门类。更多服务请访问"数艺设"社区平台www.shuyishe.com。我们将提供及时、准确、专业的学习服务。

目 录

第3章 路径的绘制与编辑

第4章 对象的组织

第5章 颜色填充与描边

第 1 章

初识Illustrator 2022

本章介绍

本章将介绍Illustrator 2022的工作界面，矢量图和位图的概念，文件的基本操作，图像的显示，以及标尺、参考线和网格。通过本章的学习，读者可以掌握Illustrator 2022的基本功能，为进一步学习好Illustrator打下坚实的基础。

学习目标

● 熟悉Illustrator 2022的工作界面。

● 了解矢量图和位图的区别。

● 熟练掌握文件的基本操作方法。

● 掌握更改视图模式和图像显示比例的操作技巧。

● 掌握标尺、参考线和网格的使用方法。

1.1 Illustrator 2022的工作界面

Illustrator 2022的工作界面主要由菜单栏、工具箱、工具属性栏、面板、页面编辑区域及状态栏组成，如图1-1所示。

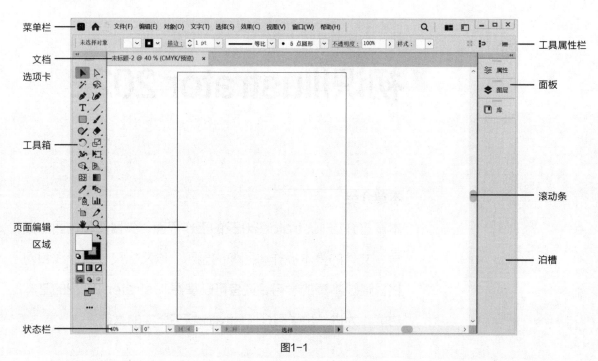

图1-1

菜单栏： 包括Illustrator所有的操作命令。主要有9个菜单，通过选择菜单命令可以完成相应操作。

文档选项卡： 从左侧起依次是文档的名称、显示比例、颜色模式/视图模式，右侧是关闭按钮。

工具箱： 包括Illustrator所有的工具。其中大部分是工具组，包括与该工具功能类似的工具，可以更方便、快捷地进行绘图与编辑。

工具属性栏： 显示与所选对象或工具相关的常用控制选项。

面板： 可以快速调出许多参数设置和调节功能，这是Illustrator界面最重要的组件之一。面板是可以折叠的，可根据需要分离或组合，非常灵活。

页面编辑区域： 页面编辑区域显示当前正在处理的文件。每一页即一个画板，当前画板的边缘是黑色实线矩形，非当前画板的边缘则是灰色实线矩形。

滚动条： 当页面编辑区域不能完全显示出整个文档时，通过拖曳滚动条可以实现对文档的浏览。

泊槽： 用来组织和存放面板。

状态栏： 显示当前文档视图的显示比例及当前正使用的工具等信息。

1.1.1　菜单栏及快捷键

熟练地使用菜单栏能够快速、有效地绘制和编辑图像，事半功倍。下面详细讲解菜单栏。

Illustrator 2022的菜单栏包含"文件""编辑""对象""文字""选择""效果""视图""窗口""帮助"共9个菜单，如图1-2所示。每个菜单包含相应的子菜单。

文件(F)　编辑(E)　对象(O)　文字(T)　选择(S)　效果(C)　视图(V)　窗口(W)　帮助(H)

图1-2

打开菜单左边是命令的名称，常用命令的名称右边有快捷键，直接按快捷键可以执行该命令。例如，"选择 > 全部"命令的快捷键为Ctrl+A。

有些命令的右边有一个向右的黑色箭头图标 ，表示该命令有子菜单，将鼠标指针移至命令上即可弹出其子菜单。有些命令名称的后面有英文省略号 ，表示选择该命令可以弹出相应的对话框，在对话框中可进行更详细的设置。有些命令呈灰色，表示该命令在当前状态下不可用，在选中相应的对象或进行相应的设置时才可用。

1.1.2　工具箱

Illustrator 2022的工具箱内包括了大量具有强大功能的工具，这些工具可以使用户在绘制和编辑图像的过程中制作出精彩的效果。工具箱如图1-3所示。

工具箱中部分工具按钮的右下角有一个黑色三角形 ，表示这是工具组，按住该工具按钮不放即可展开工具组。例如，按住文字工具按钮 ，将展开文字工具组，如图1-4所示。单击文字工具组右边的黑色三角形 ，如图1-5所示，即可将文字工具组从工具箱分离出来，成为一个相对独立的工具栏，如图1-6所示。

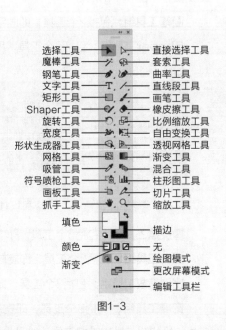

图1-3

图1-4

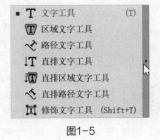

图1-5

图1-6

下面介绍主要工具组。

直接选择工具组： 包括2个工具，即直接选择工具和编组选择工具，如图1-7所示。

钢笔工具组： 包括4个工具，即钢笔工具、添加锚点工具、删除锚点工具和锚点工具，如图1-8所示。

文字工具组： 包括7个工具，即文字工具、区域文字工具、路径文字工具、直排文字工具、直排区域文字工具、直排路径文字工具和修饰文字工具，如图1-9所示。

图1-7　　　　　　　图1-8　　　　　　　图1-9

直线段工具组： 包括5个工具，即直线段工具、弧形工具、螺旋线工具、矩形网格工具和极坐标网格工具，如图1-10所示。

矩形工具组： 包括6个工具，即矩形工具、圆角矩形工具、椭圆工具、多边形工具、星形工具和光晕工具，如图1-11所示。

画笔工具组： 包括2个工具，即画笔工具和斑点画笔工具，如图1-12所示。

Shaper工具组： 包括5个工具，即Shaper工具、铅笔工具、平滑工具、路径橡皮擦工具和连接工具，如图1-13所示。

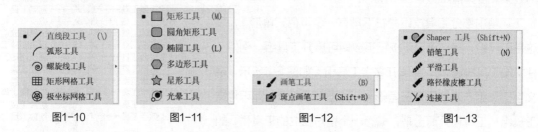

图1-10　　　　　　图1-11　　　　　　图1-12　　　　　　图1-13

橡皮擦工具组： 包括3个工具，即橡皮擦工具、剪刀工具和美工刀，如图1-14所示。

旋转工具组： 包括2个工具，即旋转工具和镜像工具，如图1-15所示。

比例缩放工具组： 包括3个工具，即比例缩放工具、倾斜工具和整形工具，如图1-16所示。

宽度工具组： 包括8个工具，即宽度工具、变形工具、旋转扭曲工具、缩拢工具、膨胀工具、扇贝工具、晶格化工具和皱褶工具，如图1-17所示。

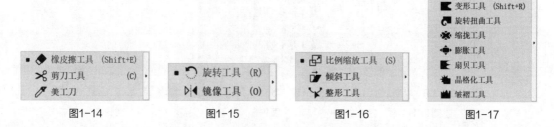

图1-14　　　　　　图1-15　　　　　　图1-16　　　　　　图1-17

自由变换工具组：包括2个工具，即自由变换工具和操控变形工具，如图1-18所示。

形状生成器工具组：包括3个工具，即形状生成器工具、实时上色工具和实时上色选择工具，如图1-19所示。

透视网格工具组：包括2个工具，即透视网格工具和透视选区工具，如图1-20所示。

吸管工具组：包括2个工具，即吸管工具和度量工具，如图1-21所示。

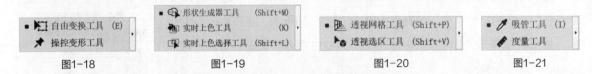

图1-18　　　　　　图1-19　　　　　　图1-20　　　　　　图1-21

符号喷枪工具组：包括8个工具，即符号喷枪工具、符号移位器工具、符号紧缩器工具、符号缩放器工具、符号旋转器工具、符号着色器工具、符号滤色器工具和符号样式器工具，如图1-22所示。

柱形图工具组：包括9个工具，即柱形图工具、堆积柱形图工具、条形图工具、堆积条形图工具、折线图工具、面积图工具、散点图工具、饼图工具和雷达图工具，如图1-23所示。

切片工具组：包括2个工具，即切片工具和切片选择工具，如图1-24所示。

抓手工具组：包括3个工具，即抓手工具、旋转视图工具和打印拼贴工具，如图1-25所示。

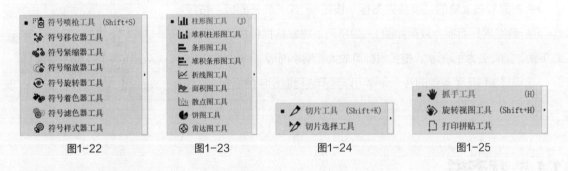

图1-22　　　　　　图1-23　　　　　　图1-24　　　　　　图1-25

1.1.3　工具属性栏

Illustrator 2022的工具属性栏会根据所选工具或对象的不同来显示不同的选项，可以进行快速设置。选择路径对象的锚点后，工具属性栏如图1-26所示。选择文字工具 T 后，工具属性栏如图1-27所示。

图1-26

图1-27

1.1.4 面板

Illustrator 2022的面板位于工作界面的右侧，它包括许多实用、快捷的功能，为设置数值和修改命令提供了一个方便、快捷的平台，使软件的交互性更强。随着Illustrator 2022功能的不断增强，面板也在不断改进，越来越合理，为用户绘制和编辑图形带来了更大的方便。

面板以组的形式出现，图1-28所示是其中的一组面板。选中并按住"色板"面板的标题不放，向右侧拖曳，如图1-29所示，拖曳到面板组外时，如图1-30所示，释放鼠标左键，将形成独立的面板，如图1-31所示。

图1-28

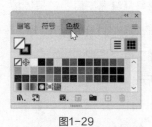

图1-29

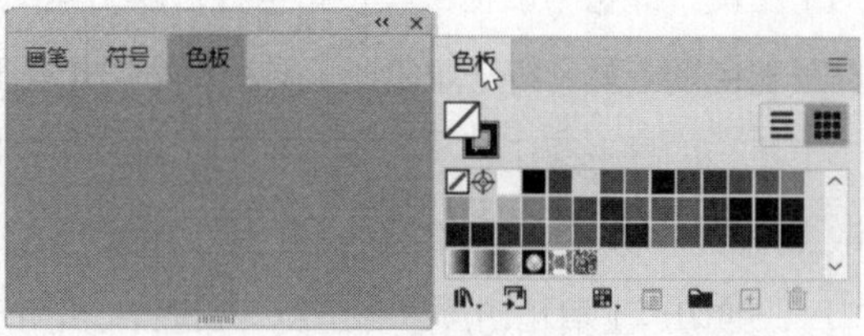

图1-30

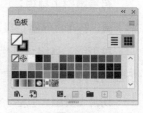

图1-31

单击面板右上角的"折叠为图标"按钮 ⁝⁝ 或"展开面板"按钮 ⁝⁝ 可折叠或展开面板，效果如图1-32所示。将鼠标指针放置在面板右下角，指针变为 ⬉ 形状，拖曳鼠标可放大或缩小面板。

选择"窗口"菜单中的各个命令可以显示或隐藏相应的面板。

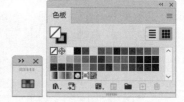

图1-32

1.1.5 状态栏

状态栏在工作界面的底部，包括4个部分。第1部分是百分比，表示当前文档的显示比例；第2部分是旋转视图，可旋转页面视图；第3部分是画板导航，可在画板间切换；第4部分显示画板名称、当前使用的工具、当前的日期和时间、文件操作的还原次数或文档颜色配置文件等，如图1-33所示。

图1-33

1.2 矢量图和位图

Illustrator 2022不仅可以制作出各式各样的矢量图形，还支持导入位图图像进行编辑。

位图图像也叫点阵图像，如图1-34所示，它是由许多单独的点组成的。这些点又称为像素点，每个像素点都有特定的位置和颜色值。位图的显示效果与像素点是紧密联系在一起的，不同着色的像素点排列在一起就组成了一幅色彩丰富的图像。单位长度内像素点越多，位图的分辨率越高，文件所占用的存储空间也会越大。

在Illustrator 2022中对位图进行编辑时，可以使用变形工具对位图进行变形处理，还可以将位图矢量化，制作出完美的作品。位图的优点是图像色彩丰富；不足之处是文件所占用的存储空间太大，而且在放大图像时会失真，边缘会出现锯齿，模糊不清。

矢量图形也叫向量图形，如图1-35所示，它是一种基于数学方法绘制的图形。矢量图中的各种图形元素称为对象，每一个对象都是独立的个体，具有大小、颜色、形状和轮廓等特性。在移动对象和改变某些属性时，可以保持对象原有的清晰度。

图1-34

图1-35

矢量图的优点是文件所占用的存储空间较小，显示效果与分辨率无关，在缩放图形时，对象会保持原有的清晰度，颜色和形状不会发生任何偏差和变形，不会产生失真的现象；不足之处是无法绘制出像位图那样精确描绘各种绚丽景象的图像。

1.3 文件的基本操作

在用Illustrator进行平面设计前，需要掌握一些基本的文件操作方法。下面介绍新建、打开、保存和关闭文件的方法。

1.3.1 新建文件

选择"文件 > 新建"命令（快捷键为Ctrl+N），弹出"新建文档"对话框，单击上方的类别选项卡，根据需要选择预设新建文档，如图1-36所示。在右侧的"预设详细信息"选项区可以修改文档的名称、宽度、高度、颜色模式和光栅效果分辨率等预设。设置完成后，单击"创建"按钮，即可建立一个新的文档。

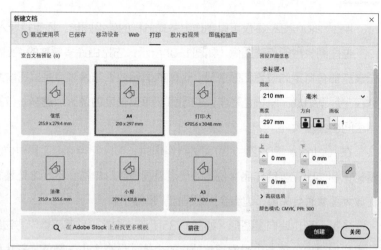

图1-36

"宽度"和"高度"选项：用于设置文件的宽度和高度的数值。

"单位"选项：用于设置文件所采用的单位。

"方向"选项：用于设置页面方向或横向排列。

"画板"选项：可以设置画板的数量。

"出血"选项：用于设置画板上、下、左、右的出血值。默认状态下，4个值处于关联状态 🔗，此时可同时设置出血值；单击右侧的按钮，使其处于解锁状态 🔗，此时可单独设置出血值。

单击"高级选项"左侧的箭头按钮 ❯，可以展开高级选项，如图1-37所示。

"颜色模式"选项：用于设置新建文件的颜色模式。

"光栅效果"选项：用于设置文件的栅格效果。

"预览模式"选项：用于设置文件的预览模式。

单击 更多设置 按钮，弹出"更多设置"对话框，如图1-38所示。

图1-37

图1-38

1.3.2 打开文件

选择"文件 > 打开"命令（快捷键为Ctrl+O），弹出"打开"对话框，如图1-39所示。在对话框中选择要打开的文件路径，确认文件类型并选择文件，单击"打开"按钮，即可打开选择的文件。

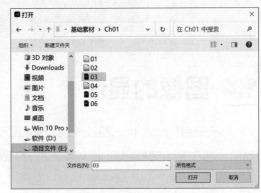

图1-39

1.3.3 保存文件

当用户第一次保存文件时，选择"文件 > 存储"命令（快捷键为Ctrl+S），弹出"存储为"对话框，如图1-40所示，在"文件名"文本框中输入文件的名称，指定保存文件的路径，设置文件类型。设置完成后，单击"保存"按钮，即可保存文件。

对于已存在的图形文件，进行编辑操作后需要保存时，选择"存储"命令后，将不弹出"存储为"对话框，系统会直接保存结果，并覆盖原文件。因此，在未确定要放弃原始文件之前，需慎用此命令。

若既想保存修改过的文件，又不想放弃原文件，则可以执行"存储为"命令。选择"文件 >存储为"

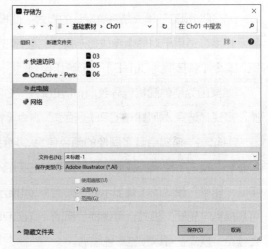

图1-40

命令（快捷键为Shift+Ctrl+S），弹出"存储为"对话框，在这个对话框中，可以对修改过的文件进行重新命名，并设置文件的路径和类型。设置完成后，单击"保存"按钮，可以保留原文件不变，而修改过的文件被另存为一个新的文件。

1.3.4 关闭文件

"关闭"命令只在有文件被打开时才呈现为可用状态。选择"文件 > 关闭"命令（快捷键为Ctrl+W），如图1-41所示，可将当前文件关闭，单击绘图窗口选项卡上的 ✖ 按钮也可以关闭文件。若当前文件被修改过或文件是新建的，那么在关闭文件时系统会弹出一个提示框，如图1-42所示。单击"是"按钮可先保存再关闭文件，单击"否"按钮不保存而直接关闭文件，单击"取消"按钮则取消关闭文件的操作。

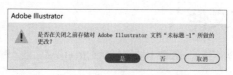

图1-41　　　　　　　　　　　　　　　　图1-42

1.4 图像的显示

用户在使用Illustrator 2022绘制和编辑图形图像的过程中，可以根据需要随时调整显示模式和显示比例，以便对所绘制和编辑的图形图像进行观察和操作。

1.4.1 视图模式

Illustrator 2022包括6种视图模式，即"GPU预览""在CPU上预览""轮廓""叠印预览""像素预览""裁切视图"，绘制图像时可根据需要选择不同的视图模式。

"GPU预览"模式是系统默认的模式。此模式下，可以实现图像的丝滑缩放显示，且可以提高图像显示速度，适用于对图像缩放显示操作有较高要求时，不过它对硬件要求较高。选择"视图 > GPU预览"命令（快捷键为Ctrl+E），即可切换到"GPU预览"模式。

如果因为硬件配置低导致Illustrator在"GPU预览"模式下性能滞后，可以切换到"在CPU上预览"模式，选择"视图>在CPU上预览"命令（快捷键为Ctrl+E）即可，图像显示效果如图1-43所示。

"轮廓"模式隐藏了图像的颜色信息，用线框轮廓来表现图像可以提高图像显示速度。此外，在"轮廓"模式下绘制图像时，可以精确地控制路径的形状和细节，方便地对路径进行编辑，提高工作效率。"轮廓"模式的图像显示效果如图1-44所示。选择"视图 > 轮廓"命令（快捷键为Ctrl+Y），即可切换到"轮廓"模式，再选择"视图 > 在CPU上预览"命令（快捷键为Ctrl+Y），切换到"在CPU上预览"模式，可以预览彩色图稿。

"叠印预览"模式可以显示接近油墨混合的效果，如图1-45所示。选择"视图 > 叠印预览"命令（快捷键为Alt+Shift+Ctrl+Y），即可切换到"叠印预览"模式。

"像素预览"模式可以将绘制的矢量图像转换为位图显示，方便用户控制图像的精确度和尺寸等。转换后的图像放大时会看见排列在一起的像素点，如图1-46所示。选择"视图 > 像素预览"命令（快捷键为Alt+Ctrl+Y），即可切换到"像素预览"模式。

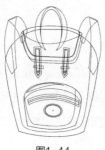

图1-43　　　　　　图1-44　　　　　　图1-45　　　　　　图1-46

"裁切视图"模式可以剪除画板边缘以外的图稿,并隐藏画板上的所有非打印对象,如网格、参考线等。选择"视图 > 裁切视图"命令,即可切换到"裁切视图"模式。

1.4.2 适合窗口大小显示图像

绘制图像时,可以选择"画板适合窗口大小"命令或"全部适合窗口大小"命令来显示图像,这时图像会最大限度地显示在工作界面中并保持完整性。

选择"视图 > 画板适合窗口大小"命令(快捷键为Ctrl+0),图像的显示效果如图1-47所示。双击抓手工具 ,也可以将图像调整为画板适合窗口大小显示。

选择"视图 > 全部适合窗口大小"命令(快捷键为Alt+Ctrl+0),可以查看窗口中的所有画板内容。

1.4.3 以实际大小显示图像

选择"实际大小"命令可以将图像以100%的比例显示。

选择"视图 > 实际大小"命令(快捷键为Ctrl+1),图像显示的效果如图1-48所示。

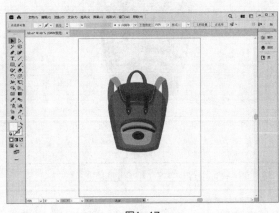

图1-47

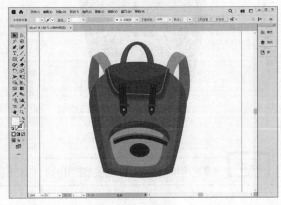

图1-48

1.4.4 放大显示图像

选择"视图 > 放大"命令(快捷键为Ctrl+ +),每选择一次"放大"命令,页面内的图像就会被放大一级。例如,图像以100%的比例显示在屏幕上时,选择一次"放大"命令,则变成150%的比例;再选择一次,则变成200%的比例,放大后的效果如图1-49所示。

使用缩放工具也可放大显示图像。选择缩放工具 ,在页面中鼠标指针会自动变为 形状,每单击一次图像就会放大一级。例如,图像以100%的比例显示在屏幕上,单击一次,则变成150%的比例,放大的效果如图1-50所示。

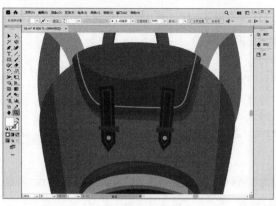

图1-49

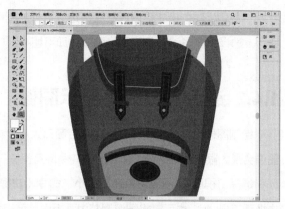

图1-50

若要放大图像的局部区域，则先选择缩放工具 🔍，然后将鼠标指针 🔍 定位在要放大的区域内，向右拖曳鼠标，该区域即放大显示，如图1-51所示。向左拖曳鼠标，该区域缩小显示，如图1-52所示。

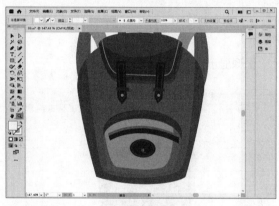

图1-51

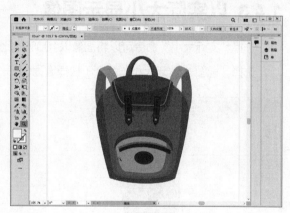

图1-52

提示 正在使用其他工具时，若要临时切换到缩放工具，按住Ctrl+Space（空格）组合键即可。

使用状态栏也可放大显示图像。在状态栏中的百分比数值框 100% ⌄ 中直接输入需要放大的百分比数值，按Enter键即可执行放大操作。

还可使用"导航器"面板放大显示图像。单击面板底部的"放大"按钮 ▲，如图1-53所示，可逐级放大图像。在百分比数值框中直接输入需要放大的百分比数值后，按Enter键可以将图像放大，如图1-54所示。单击百分比数值框右侧的 ⌄ 按钮，在弹出的下拉列表中可以选择缩放比例。

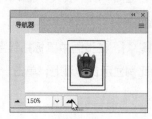

图1-53

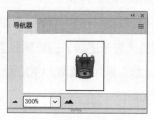

图1-54

1.4.5 缩小显示图像

选择"视图 > 缩小"命令（快捷键为Ctrl+-），每选择一次"缩小"命令，页面内的图像就会被缩小一级，缩小的效果如图1-55所示。

使用缩放工具也可缩小显示图像。选择缩放工具，在页面中鼠标指针会自动变为 形状，按住Alt键则会变为 形状。按住Alt键不放，每单击一次图像，图像缩小一级。

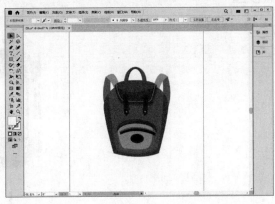

图1-55

提示 在使用其他工具时，若想临时切换到缩放工具的缩小功能，按住Alt+Ctrl+Space组合键即可。

使用状态栏也可缩小显示图像。在状态栏中的百分比数值框 100% 中直接输入需要缩小的百分比数值，按Enter键即可执行缩小操作。

还可使用"导航器"面板缩小显示图像。单击面板底部的"缩小"按钮，可逐级缩小图像。在百分比数值框中直接输入需要缩小的百分比数值后，按Enter键可以将图像缩小。

1.4.6 全屏显示图像

全屏显示图像可以更好地观察图像的完整效果。

单击工具箱下方的"更改屏幕模式"按钮，在弹出的菜单中有4种模式可供选择，即正常屏幕模式、带有菜单栏的全屏模式、全屏模式和演示文稿模式。反复按F键，可切换前3种屏幕显示模式。

正常屏幕模式： 如图1-56所示，这种屏幕模式显示菜单栏、标题栏、工具箱、工具属性栏、面板和状态栏。

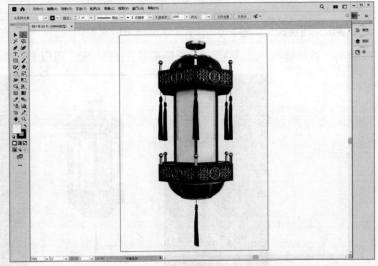

图1-56

带有菜单栏的全屏模式： 如图1-57所示，这种屏幕模式显示菜单栏、工具箱、工具属性栏、面板和状态栏。

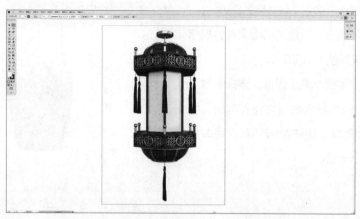

图1-57

全屏模式： 如图1-58所示，这种屏幕模式只显示页面和状态栏。按Tab键，可以调出菜单栏、工具箱、工具属性栏和面板。

图1-58

演示文稿模式： 如图1-59所示，这种屏幕模式会用当前画板填充整个屏幕，且不可进行编辑操作。按Shift+F快捷键，可以切换至演示文稿模式；按Esc键，可以退出该模式。

图1-59

1.4.7 排列窗口

当用户打开多个文件时，屏幕上会出现多个文件窗口，这就需要对窗口进行布置和摆放。

同时打开多个文件，效果如图1-60所示。选择"窗口 > 排列 > 全部在窗口中浮动"命令，文件窗口都浮动排列在工作界面中，如图1-61所示。此时，可对窗口进行层叠、平铺等操作。

图1-60

图1-61

选择"窗口 > 排列 > 平铺"命令，窗口的排列效果如图1-62所示。选择"窗口 > 排列 > 层叠"命令，窗口的排列效果如图1-63所示。选择"合并所有窗口"命令，可将所有窗口以选项卡形式停放。

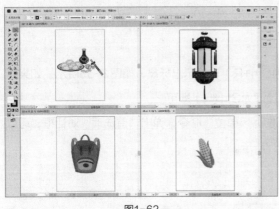

图1-62

图1-63

1.4.8 平移观察图像

选择抓手工具，鼠标指针变为手形，拖曳鼠标，可以平移图像，观察图像的每个部分，如图1-64所示。当图像尺寸或显示比例特别大时，配合使用水平或垂直滚动条，可以更快捷地观察图像的每个部分，如图1-65所示。

图1-64　　　　　　　　　　　　图1-65

提示 在使用其他工具进行操作时，按住Space键，可以临时切换为抓手工具 🖐 。

1.5 标尺、参考线和网格

Illustrator 2022提供了标尺、参考线和网格等工具，利用这些工具可以对所绘制和编辑的图形图像进行精确定位，还可测量图形图像的尺寸。

1.5.1 标尺

选择"视图 > 标尺 > 显示标尺"命令（快捷键为Ctrl+R），显示出标尺，如图1-66所示。如果要隐藏标尺，选择"视图 > 标尺 > 隐藏标尺"命令（快捷键为Ctrl+R）即可。

如果需要设置标尺的显示单位，选择"编辑 > 首选项 > 单位"命令，弹出"首选项"对话框，可以在"常规"下拉列表中设置标尺的显示单位，如图1-67所示。

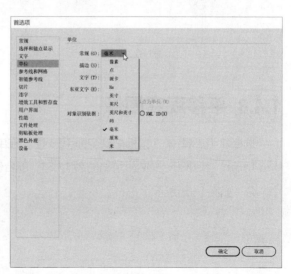

图1-66　　　　　　　　　　　　图1-67

如果仅需要对当前文件设置标尺的显示单位，则选择"文件 > 文档设置"命令，弹出"文档设置"对话框，如图1-68所示，可以在"单位"下拉列表中设置标尺的显示单位。用这种方法设置的标尺单位对其他文件或以后新建的文件不起作用。

在系统默认的状态下，标尺的坐标原点位于页面左上角，如果想更改坐标原点的位置，将鼠标从水平标尺与垂直标尺的交点处拖曳到页面中的目标位置。如果想恢复坐标原点的默认位置，双击水平标尺与垂直标尺的交点处即可。

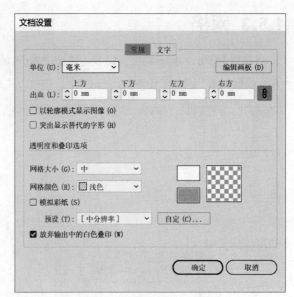

图1-68

1.5.2 参考线

如果想添加参考线，可从水平或垂直标尺上向页面中拖曳鼠标。此外，还可根据需要将矢量图形或路径转换为参考线。

选中要转换为参考线的路径，如图1-69所示，选择"视图 > 参考线 > 建立参考线"命令（快捷键为Ctrl+5），即可完成转换，如图1-70所示。选择"视图 > 参考线 > 释放参考线"命令（快捷键为Alt+Ctrl+5），可将选中的参考线转换为路径。

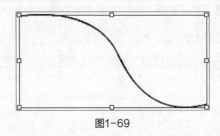

图1-69

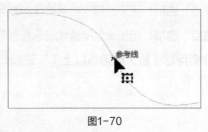

图1-70

> **提示** 按住Shift键在标尺上双击，可创建自动与标尺上最接近的刻度对齐的参考线。

选择"视图 > 参考线 > 隐藏参考线"命令（快捷键为Ctrl+;），可以将所有参考线隐藏。

选择"视图 > 参考线 > 锁定参考线"命令（快捷键为Alt+Ctrl+;），可以将所有参考线锁定。

选择"视图 > 参考线 > 清除参考线"命令，可以清除所有参考线。

选择"视图 > 智能参考线"命令（快捷键为Ctrl+U），可以显示智能参考线。当将图形移动或旋转到一定角度时，智能参考线就会高亮显示并给出提示信息。

1.5.3 网格

　　选择"视图 > 显示网格"命令（快捷键为Ctrl+"），即可显示出网格，如图1-71所示。选择"视图 > 隐藏网格"命令（快捷键为Ctrl+"），则可以隐藏网格。选择"编辑 > 首选项 > 参考线和网格"命令，弹出"首选项"对话框，可以设置网格线的颜色、样式、间隔等属性，如图1-72所示。

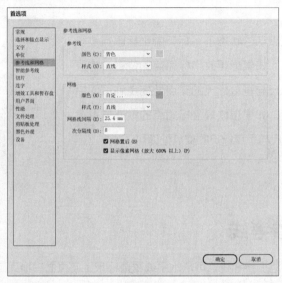

图1-71　　　　　　　　　　　　　　　　　　　　图1-72

　　"颜色"选项：用于设置网格线的颜色。

　　"样式"选项：用于设置网格线的样式，包括直线和点线。

　　"网格线间隔"选项：用于设置网格线的间距。

　　"次分隔线"选项：用于设置次分网格线的数量。

　　"网格置后"选项：用于设置网格线显示在图形的上方或下方。

　　"显示像素网格（放大600%以上）"选项：在"像素预览"模式下，当图形放大到600%以上时，显示像素网格。

第 2 章

图形的绘制与编辑

本章介绍

本章将讲解Illustrator 2022基本绘图工具的使用方法，手绘图形及修饰方法，以及对象的编辑方法。认真学习本章的内容，可以掌握Illustrator 2022的绘图功能及编辑对象的方法。

学习目标

● 掌握线条的绘制方法。

● 熟练掌握基本图形的绘制方法。

● 掌握手绘图形的绘制方法。

● 熟练掌握对象的编辑技巧。

技能目标

● 掌握"奖杯图标"的绘制方法。

● 掌握"祁州漏芦花卉插图"的绘制方法。

2.1 线条的绘制

在平面设计中，直线段和弧线段是经常使用的线条。此外还会用到螺旋线和矩形网格等。下面将详细介绍相关工具的使用方法。

2.1.1 绘制直线

1. 拖曳鼠标绘制直线

选择直线段工具，在页面中拖曳鼠标，即可绘制出一条任意角度的直线，效果如图2-1所示。

选择直线段工具，按住Shift键在页面中拖曳鼠标，即可绘制出一条水平、垂直或45°角及其倍数的直线，效果如图2-2所示。

选择直线段工具，按住Alt键在页面中拖曳鼠标，即可绘制出一条以开始位置为中心向两边扩展的直线。

选择直线段工具，按住～键在页面中拖曳鼠标，即可绘制出多条直线（系统自动设置），效果如图2-3所示。

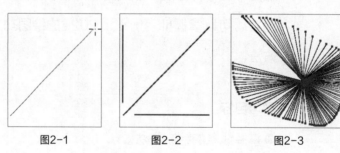

图2-1   图2-2   图2-3

2. 精确绘制直线

选择直线段工具，在页面中需要的位置单击，弹出"直线段工具选项"对话框，如图2-4所示。在对话框中，"长度"选项可以设置线段的长度，"角度"选项可以设置线段的倾斜度，选中"线段填色"复选框可以使用当前填充颜色对直线填色。设置完成后，单击"确定"按钮，得到图2-5所示的直线。

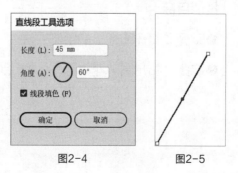

图2-4   图2-5

2.1.2 绘制弧线

1. 拖曳鼠标绘制弧线

选择弧形工具 ，在页面中拖曳鼠标，即可绘制出一条弧线，效果如图2-6所示。

选择弧形工具 ，按住Shift键在页面中拖曳鼠标，即可绘制出一条在水平和垂直方向上长度相等的弧线，效果如图2-7所示。

选择弧形工具 ，按住~键在页面中拖曳鼠标，即可绘制出多条弧线，效果如图2-8所示。

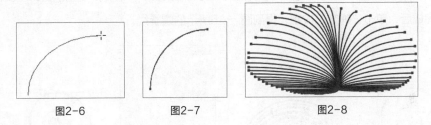

图2-6　　　　　　图2-7　　　　　　　　图2-8

2. 精确绘制弧线

选择弧形工具 ，在页面中需要的位置单击，弹出"弧线段工具选项"对话框，如图2-9所示。在对话框中，"X轴长度"选项可以设置弧线水平方向的长度，"Y轴长度"选项可以设置弧线垂直方向的长度，"类型"选项可以设置弧线类型，"基线轴"选项可以选择坐标轴，选中"弧线填色"复选框可以用当前填充颜色为弧线填色。设置完成后，单击"确定"按钮，得到图2-10所示的弧线。输入不同的数值，将会得到不同的弧线，效果如图2-11所示。

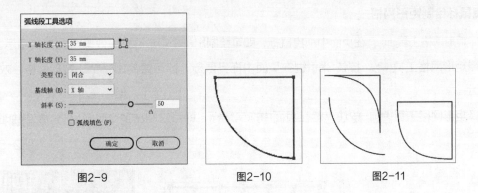

图2-9　　　　　　　　图2-10　　　　　　　图2-11

2.1.3 绘制螺旋线

1. 拖曳鼠标绘制螺旋线

选择螺旋线工具 ，在页面中拖曳鼠标，即可绘制出一条螺旋线，如图2-12所示。

选择螺旋线工具 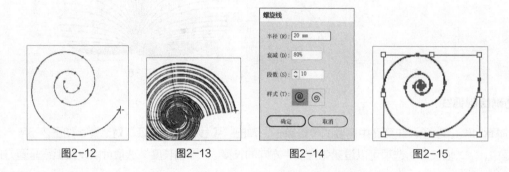 ，按住Shift键在页面中拖曳鼠标，即可绘制出一条转动角度是强制角度（默认设置是45°）的整倍数的螺旋线。

选择螺旋线工具 ，按住～键在页面中拖曳鼠标，即可绘制出多条螺旋线，效果如图2-13所示。

2. 精确绘制螺旋线

选择螺旋线工具 ，在页面中需要的位置单击，弹出"螺旋线"对话框，如图2-14所示。在对话框中，"半径"选项可以设置螺旋线的半径，即从螺旋线的中心点到螺旋线终点之间的距离；"衰减"选项可以设置螺旋线圈数；"段数"选项可以设置螺旋线的段数；"样式"选项用来设置螺旋线的旋转方向。设置完成后，单击"确定"按钮，得到图2-15所示的螺旋线。

图2-12   图2-13   图2-14   图2-15

2.1.4 绘制矩形网格

1. 拖曳鼠标绘制矩形网格

选择矩形网格工具 ，在页面中拖曳鼠标，即可绘制出一个矩形网格，效果如图2-16所示。

选择矩形网格工具 ，按住Shift键在页面中拖曳鼠标，即可绘制出一个正方形网格，效果如图2-17所示。

选择矩形网格工具 ，按住～键在页面中拖曳鼠标，即可绘制出多个矩形网格，效果如图2-18所示。

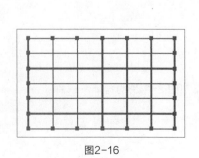

图2-16

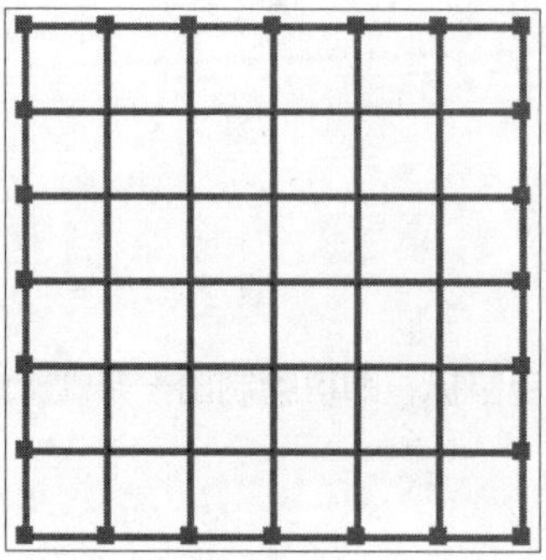

图2-17

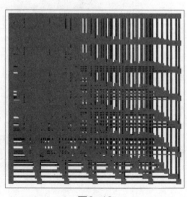

图2-18

提示　选择矩形网格工具 ⊞，在页面中拖曳鼠标的过程中，按住键盘上的↑键可以增加矩形网格的行数，按住↓键则可以减少矩形网格的行数。此方法在使用极坐标网格工具 ⊕、多边形工具 ◎、星形工具 ☆ 时同样适用。

2. 精确绘制矩形网格

选择矩形网格工具 ⊞，在页面中需要的位置单击，弹出"矩形网格工具选项"对话框，如图2-19所示。在对话框的"默认大小"选项组中，"宽度"选项可以设置矩形网格的宽度，"高度"选项可以

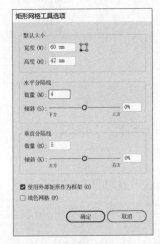

设置矩形网格的高度；在"水平分隔线"选项组中，"数量"选项可以设置矩形网格中水平网格线的数量，"倾斜（下方/上方）"选项可以设置水平网格的疏密倾向；在"垂直分隔线"选项组中，"数量"选项可以设置矩形网格中垂直网格线的数量，"倾斜（左方/右方）"选项可以设置垂直网格的疏密倾向。设置完成后，单击"确定"按钮，得到图2-20所示的矩形网格。

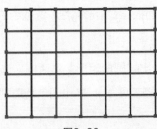

图2-19　　　　　　图2-20

2.2　基本图形的绘制

在Illustrator 2022中，矩形、圆形、多边形和星形是最简单、最基本也是最重要的图形，绘制这些图形所用的矩形工具、圆角矩形工具、椭圆工具、多边形工具和星形工具的使用方法比较类似。使用这些工具，可以很方便地在页面上绘制出各种形状，还能够通过相应的设置精确绘制图形。

2.2.1　课堂案例——绘制奖杯图标

案例学习目标　学习使用基本绘图工具绘制奖杯图标。

案例知识要点　使用矩形工具、"变换"面板、圆角矩形工具、镜像工具和星形工具绘制奖杯杯体，使用直接选择工具调整矩形的锚点，使用矩形工具、圆角矩形工具、直线段工具、"描边"面板绘制奖杯底座。奖杯图标效果如图2-21所示。

效果所在位置　学习资源\Ch02\效果\绘制奖杯图标.ai。

图2-21

1. 绘制奖杯杯体

01 按Ctrl+N快捷键，弹出"新建文档"对话框，设置文档的宽度为128 px，高度为128 px，取向为横向，颜色模式为"RGB颜色"，光栅效果为"屏幕（72 ppi）"，单击"创建"按钮，新建一个文档。

02 选择矩形工具■，按住Shift键的同时绘制一个与页面大小相同的正方形，设置填充色为浅蓝色（RGB值为235、245、255），描边色为"无"，效果如图2-22所示。按Ctrl+2快捷键，锁定所选对象。

03 使用矩形工具■在适当的位置绘制一个矩形，设置填充色为白色，描边色为黑色，效果如图2-23所示。

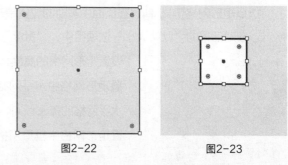

图2-22　　　　　　　　　图2-23

04 选择"窗口 > 变换"命令，弹出"变换"面板，"矩形属性"选项组的设置如图2-24所示，效果如图2-25所示。

05 选择圆角矩形工具■，在页面中单击，弹出"圆角矩形"对话框，选项的设置如图2-26所示，单击"确定"按钮，出现一个圆角矩形。选择选择工具▶，拖曳圆角矩形到适当的位置，效果如图2-27所示。

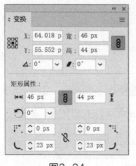

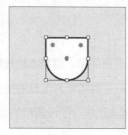

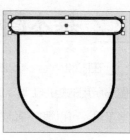

图2-24　　　　　　图2-25　　　　　　图2-26　　　　　　图2-27

06 选择矩形工具■，在适当的位置绘制一个矩形，设置描边色为灰色（RGB值为191、191、196），效果如图2-28所示。在属性栏中将"描边粗细"选项设为4pt，效果如图2-29所示。

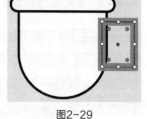

图2-28　　　　　　　　　图2-29

07 在"变换"面板中，"矩形属性"选项组的设置如图2-30所示，效果如图2-31所示。选择"对象 > 路径 > 轮廓化描边"命令，创建对象的描边轮廓，效果如图2-32所示。

图2-30　　　　　　　　　　图2-31　　　　　　　　　　图2-32

08 保持图形选取状态。设置描边色为黑色，效果如图2-33所示。连续按Ctrl+ [快捷键，将图形向后移至适当的位置，效果如图2-34所示。

09 双击镜像工具 ，弹出"镜像"对话框，选项的设置如图2-35所示；单击"复制"按钮，复制并镜像图形；选择选择工具 ，按住Shift键的同时水平向左拖曳复制出的图形到适当的位置，效果如图2-36所示。

图2-33　　　　　　　　图2-34　　　　　　　　　图2-35　　　　　　　　　图2-36

10 选择星形工具 ，在页面中单击，弹出"星形"对话框，选项的设置如图2-37所示，单击"确定"按钮，出现一个五角星。选择选择工具 ，拖曳五角星到适当的位置，设置填充色为深蓝色（RGB值为0、79、255），描边色为黑色，效果如图2-38所示。

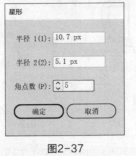

图2-37　　　　　　　　　　图2-38

2. 绘制奖杯底座

01 选择矩形工具 ，在适当的位置绘制一个矩形，设置填充色为白色，描边色为黑色，效果如图2-39所示。连续按Ctrl+ [快捷键，将图形向后移至适当的位置，效果如图2-40所示。

图2-39　　　　　　　　　　图2-40

02 选择选择工具 ▶，按住Alt+Shift组合键的同时垂直向下拖曳矩形到适当的位置，复制矩形，效果如图2-41所示。选择直接选择工具 ▷，水平向左拖曳左下角锚点到适当的位置，如图2-42所示。用相同的方法调整右下角的锚点到适当的位置，效果如图2-43所示。

图2-41

图2-42

图2-43

03 选择圆角矩形工具 ▢，在页面中单击，弹出"圆角矩形"对话框，选项的设置如图2-44所示，单击"确定"按钮，出现一个圆角矩形。选择选择工具 ▶，拖曳圆角矩形到适当的位置，效果如图2-45所示。

图2-44

图2-45

04 选择矩形工具 ▢，在适当的位置绘制一个矩形，设置填充色为灰色（RGB值为191、191、196），描边色为黑色，效果如图2-46所示。在"变换"面板中，"矩形属性"选项组的设置如图2-47所示，效果如图2-48所示。

图2-46

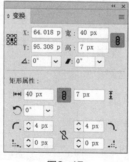
图2-47

图2-48

05 使用矩形工具 ▢ 在适当的位置绘制一个矩形，设置填充色为深蓝色（RGB值为0、79、255），描边色为黑色，效果如图2-49所示。

06 选择直线段工具 ╱，按住Shift键的同时在适当的位置绘制一条直线，设置描边色为白色，效果如图2-50所示。

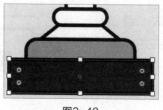
图2-49

图2-50

07 选择"窗口 > 描边"命令，弹出"描边"面板，单击"端点"选项组中的"圆头端点"按钮 ，其他选项的设置如图2-51所示，效果如图2-52所示。

图2-51　　　　　　　　　图2-52

08 按Ctrl+O快捷键，打开学习资源中的"Ch02\素材\绘制奖杯图标\01"文件，按Ctrl+A快捷键全选图形，按Ctrl+C快捷键复制图形。选择当前文档，按Ctrl+V快捷键将复制的图形粘贴到页面中。选择选择工具 ，拖曳复制出的图形到适当的位置，效果如图2-53所示。连续按Ctrl+ [快捷键将图形向后移至适当的位置，效果如图2-54所示。

09 奖杯图标绘制完成，效果如图2-55所示。

图2-53　　　　　　　图2-54　　　　　　　图2-55

2.2.2　绘制矩形和圆角矩形

1. 拖曳鼠标绘制矩形

选择矩形工具 ，在页面中拖曳鼠标，即可绘制出一个矩形，效果如图2-56所示。

选择矩形工具 ，按住Shift键在页面中拖曳鼠标，即可绘制出一个正方形，效果如图2-57所示。

选择矩形工具 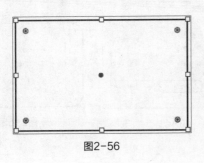，按住~键在页面中拖曳鼠标，即可绘制出多个矩形，效果如图2-58所示。

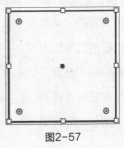

图2-56　　　　　　　图2-57　　　　　　　图2-58

> **提示** 选择矩形工具 ▣，按住Alt键在页面中拖曳鼠标，可以绘制一个以拖曳起点为中心的矩形。
>
> 选择矩形工具 ▣，按住Alt+Shift组合键在页面中拖曳鼠标，可以绘制一个以拖曳起点为中心的正方形。
>
> 选择矩形工具 ▣，在页面中拖曳鼠标的过程中，按住Space键可以暂停绘制工作而在页面上任意移动未绘制完成的矩形，释放Space键后可继续绘制矩形。
>
> 上述方法在使用圆角矩形工具 ▣、椭圆工具 ◯、多边形工具 ⬡、星形工具 ✦ 时同样适用。

2. 精确绘制矩形

选择矩形工具 ▣，在页面中需要的位置单击，弹出"矩形"对话框，如图2-59所示。在对话框中，"宽度"选项可以设置矩形的宽度，"高度"选项可以设置矩形的高度。设置完成后，单击"确定"按钮，得到图2-60所示的矩形。

图2-59

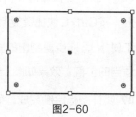

图2-60

3. 拖曳鼠标绘制圆角矩形

选择圆角矩形工具 ▣，在页面中拖曳鼠标，即可绘制出一个圆角矩形，效果如图2-61所示。

选择圆角矩形工具 ▣，按住Shift键在页面中拖曳鼠标，即可绘制一个宽度和高度相等的圆角矩形，效果如图2-62所示。

选择圆角矩形工具 ▣，按住～键在页面中拖曳鼠标，即可绘制出多个圆角矩形，效果如图2-63所示。

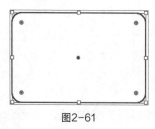

图2-61

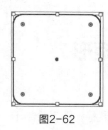

图2-62

图2-63

4. 精确绘制圆角矩形

选择圆角矩形工具 ▣，在页面中需要的位置单击，弹出"圆角矩形"对话框，如图2-64所示。在对话框中，"宽度"选项可以设置圆角矩形的宽度，"高度"选项可以设置圆角矩形的高度，"圆角半径"选项可以控制圆角矩形中圆角半径的长度。设置完成后，单击"确定"按钮，得到图2-65所示的圆角矩形。

图2-64

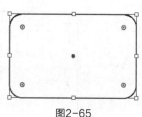

图2-65

5. 使用"变换"面板制作实时转角

选择选择工具▶️，选取绘制好的矩形。选择"窗口 > 变换"命令（快捷键为Shift+F8），弹出"变换"面板，如图2-66所示。

在"矩形属性"选项组中，"边角类型"按钮📐可以设置边角的类型，包括"圆角""反向圆角"和"倒角"；"圆角半径"选项✦0 mm可以输入圆角半径值；单击⑧按钮可以取消圆角半径的关联，分别设置圆角半径值；单击⑧按钮可以关联圆角半径，同时设置圆角半径值。

单击⑧按钮，选项的设置如图2-67所示，得到图2-68所示的效果。单击⑧按钮，选项的设置如图2-69所示，得到图2-70所示的效果。

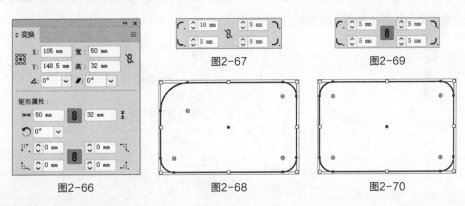

图2-66　　　　　　　　图2-68　　　　　　　　图2-70

6. 使用直接拖曳制作实时转角

选择选择工具▶️，选取绘制好的矩形。上、下、左、右4个边角构件处于可编辑状态，如图2-71所示。向内拖曳其中任意一个边角构件，可对矩形角进行变形，如图2-72所示，释放鼠标左键，效果如图2-73所示。

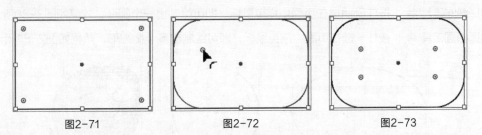

图2-71　　　　　　　　图2-72　　　　　　　　图2-73

> **提示** 选择"视图 > 隐藏边角构件"命令，可以将边角构件隐藏。选择"视图 > 显示边角构件"命令，可以显示出边角构件。

当鼠标指针移动到任意一个实心边角构件上时，指针变为▶️形状，如图2-74所示；单击，实心边角构件变为空心边角构件，指针变为▶️形状，如图2-75所示，表示该边角构件被单独选中；拖曳鼠标可对相应的边角单独进行变形，效果如图2-76所示。

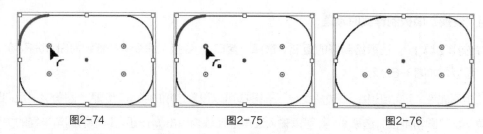

图2-74 图2-75 图2-76

按住Alt键的同时单击任意一个边角构件，或在拖曳边角构件的同时按↑键或↓键，可在3种边角类型间交替转换，如图2-77所示。

选择选择工具，按住Ctrl键的同时双击其中一个边角构件，弹出"边角"对话框，如图2-78所示，可以设置边角类型、边角半径和圆角类型。

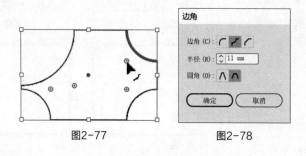

图2-77 图2-78

2.2.3 绘制椭圆形和圆形

1. 拖曳鼠标绘制椭圆形

选择椭圆工具 ⬭，在页面中拖曳鼠标，即可绘制出一个椭圆形，效果如图2-79所示。

选择椭圆工具 ⬭，按住Shift键在页面中拖曳鼠标，即可绘制出一个圆形，效果如图2-80所示。

选择椭圆工具 ⬭，按住～键在页面中拖曳鼠标，即可绘制出多个椭圆形，效果如图2-81所示。

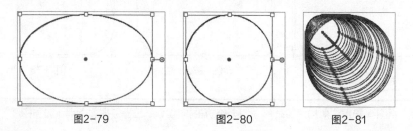

图2-79 图2-80 图2-81

2. 精确绘制椭圆形

选择椭圆工具 ⬭，在页面中需要的位置单击，弹出"椭圆"对话框，如图2-82所示。在对话框中，"宽度"选项可以设置椭圆形的宽度，"高度"选项可以设置椭圆形的高度。设置完成后，单击"确定"按钮，得到图2-83所示的椭圆形。

图2-82

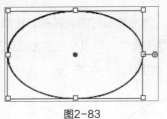

图2-83

3. 使用"变换"面板制作饼图

选择选择工具 ▶，选取绘制好的椭圆形。选择"窗口 > 变换"命令（快捷键为Shift+F8），弹出"变换"面板，如图2-84所示。在"椭圆属性"选项组中，"饼图起点角度"选项 ☽ 0° ∨ 可以设置饼图的起点角度；"饼图终点角度"选项 0° ∨ ☾ 可以设置饼图的终点角度；单击 ⦚ 按钮，可以取消关联饼图的起点角度和终点角度，进行分别设置；单击 ⦘ 按钮，可以关联饼图的起点角度和终点角度，进行同时设置；单击"反转饼图"按钮 ⇄，可以互换饼图的起点角度和终点角度。

将"饼图起点角度"选项 ☽ 0° ∨ 设置为45°，效果如图2-85所示；将此选项设置为180°，效果如图2-86所示。

图2-84

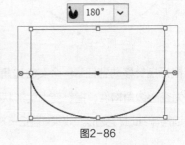

图2-85　　　　　　　　　图2-86

将"饼图终点角度"选项 0° ∨ ☾ 设置为45°，效果如图2-87所示；将此选项设置为180°，效果如图2-88所示。

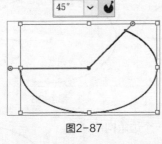

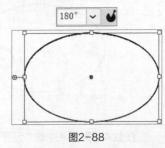

图2-87　　　　　　　　　图2-88

将"饼图起点角度"选项 ☽ 0° ∨ 设置为60°，"饼图终点角度"选项 0° ∨ ☾ 设置为30°，效果如图2-89所示。单击"反转饼图"按钮 ⇄，将饼图的起点角度和终点角度互换，效果如图2-90所示。

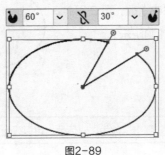

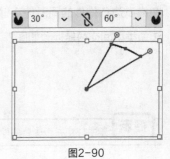

图2-89　　　　　　　　　图2-90

4. 拖曳鼠标制作饼图

选择选择工具 ▶，选取绘制好的椭圆形。将鼠标指针放置在饼图构件上，指针变为 ▶ 形状，如图 2-91所示，向上拖曳饼图构件，可以改变饼图起点角度，效果如图2-92所示；向下拖曳饼图构件，可以改变饼图终点角度，效果如图2-93所示。

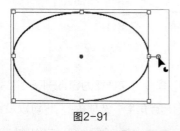 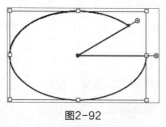 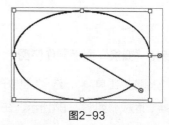

图2-91　　　　　　　　　图2-92　　　　　　　　　图2-93

5. 使用直接选择工具调整饼图转角

选择直接选择工具 ▷，选取绘制好的饼图，边角构件处于可编辑状态，如图2-94所示，向内拖曳其中任意一个边角构件，可对饼图角进行变形，如图2-95所示，释放鼠标左键，效果如图2-96所示。

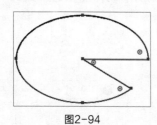 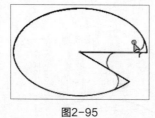 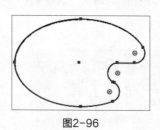

图2-94　　　　　　　　　图2-95　　　　　　　　　图2-96

当鼠标指针移动到任意一个实心边角构件上时，指针变为 ▶ 形状，如图2-97所示；单击，实心边角构件变为空心边角构件，指针变为 ▶ 形状，如图2-98所示，表示该边角构件被单独选中；拖曳鼠标可对相应的边角单独进行变形，效果如图2-99所示。

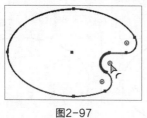 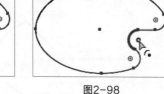 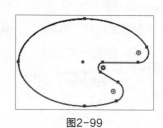

图2-97　　　　　　　　　图2-98　　　　　　　　　图2-99

按住Alt键的同时单击任意一个边角构件，或在拖曳边角构件的同时按↑键或↓键，可在3种边角类型间交替转换，如图2-100所示。

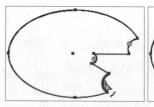 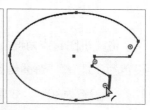

图2-100

> **提示**　双击任意一个边角构件，弹出"边角"对话框，可以设置边角类型、边角半径和圆角类型。

2.2.4　绘制多边形

1. 拖曳鼠标绘制多边形

选择多边形工具 ⬡ ，在页面中拖曳鼠标，即可绘制出一个任意角度的正多边形，效果如图2-101所示。

选择多边形工具 ⬡ ，按住Shift键在页面中拖曳鼠标，即可绘制出一个无角度的正多边形，效果如图2-102所示。

选择多边形工具 ⬡ ，按住～键在页面中拖曳鼠标，即可绘制出多个多边形，效果如图2-103所示。

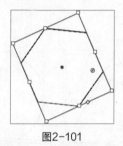
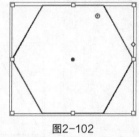
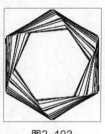

图2-101　　　　　　　　　图2-102　　　　　　　　　图2-103

2. 精确绘制多边形

选择多边形工具 ⬡ ，在页面中需要的位置单击，弹出"多边形"对话框，如图2-104所示。在对话框中，"半径"选项可以设置多边形的半径，半径指的是从多边形中心点到多边形顶点的距离；"边数"选项可以设置多边形的边数。设置完成后，单击"确定"按钮，得到图2-105所示的多边形。

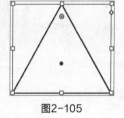

图2-104　　　　　　　　　　　图2-105

3. 使用直接拖曳增加或减少多边形边数

选择选择工具 ▶ ，选取绘制好的多边形，将鼠标指针放置在多边形构件◇上，指针变为 ⁺⁄ 形状，如图2-106所示。向上拖曳多边形构件，可以减少多边形的边数，效果如图2-107所示；向下拖曳多边形构件，可以增加多边形的边数，效果如图2-108所示。

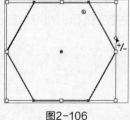
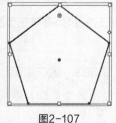
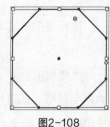

图2-106　　　　　　　　　图2-107　　　　　　　　　图2-108

提示　直接拖曳增加或减少多边形的"边数"时，取值范围为3~11，最少边数为3，最多边数为11。

4. 使用"变换"面板制作实时转角

选择选择工具 ▶，选取绘制好的正六边形，如图2-109所示。选择"窗口 > 变换"命令（快捷键为Shift+F8），弹出"变换"面板，如图2-110所示。在"多边形属性"选项组中，"多边形边数计算"选项 ⊕━━○━━◯ 6 可以设置多边形的边数；"边角类型"选项 ⌐ 可以设置边角的类型；"圆角半径"选项 ◇ 0 mm 可以设置多边形各个圆角的半径；"多边形半径"选项 ⊖ 可以设置多边形的半径；"多边形边长度"选项 ⬡ 可以设置多边形每一边的长度。

对于"多边形边数计算"选项，拖曳滑块的取值范围为3~20，当数值最小为3时，效果如图2-111所示；当数值最大为20时，效果如图2-112所示。

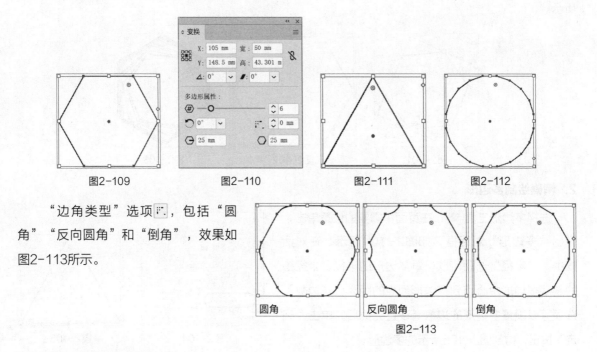

图2-109　　　图2-110　　　图2-111　　　图2-112

"边角类型"选项 ⌐ ，包括"圆角""反向圆角"和"倒角"，效果如图2-113所示。

圆角　　　反向圆角　　　倒角

图2-113

2.2.5 绘制星形

1. 拖曳鼠标绘制星形

选择星形工具 ☆ ，在页面中拖曳鼠标，即可绘制出一个任意角度的正星形，效果如图2-114所示。

选择星形工具 ☆ ，按住Shift键在页面中拖曳鼠标，即可绘制出一个无角度的正星形，效果如图2-115所示。

选择星形工具 ☆ ，按住～键在页面中拖曳鼠标，即可绘制出多个星形，效果如图2-116所示。

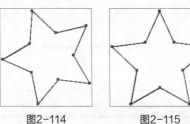

图2-114　　　图2-115　　　图2-116

2. 精确绘制星形

选择星形工具 ，在页面中需要的位置单击，弹出"星形"对话框，如图2-117所示。在对话框中，"半径1"选项可以设置从星形中心点到星形最里面点的距离，"半径2"选项可以设置从星形中心点到星形最外面点的距离，"角点数"选项可以设置星形中的边角数量。设置完成后，单击"确定"按钮，得到图2-118所示的星形。

图2-117

图2-118

> **提示** 使用直接选择工具调整多边形和星形的实时转角的方法，与调整矩形的相同，这里不再赘述。

2.3 手绘图形

Illustrator 2022提供了画笔工具和铅笔工具，供用户绘制样式繁多的图形和路径；还提供了平滑工具和路径橡皮擦工具，供用户修饰绘制的图形和路径。

2.3.1 画笔工具

使用画笔工具 可以绘制出样式繁多的线条和图形，还可以通过选择不同的刷头实现不同的绘制效果。

选择画笔工具 ，选择"窗口 > 画笔"命令，弹出"画笔"面板，如图2-119所示。在面板中选择任意一种画笔样式，在页面中需要的位置拖曳鼠标即可绘制一个线条，如图2-120所示。

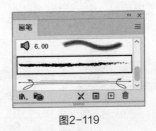

图2-119

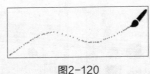

图2-120

选取图2-121所示的线条，选择"窗口 > 描边"命令，弹出"描边"面板，在面板中的"粗细"选项中设置需要的描边大小，如图2-122所示，线条的效果如图2-123所示。

双击画笔工具 ，弹出"画笔工具选项"对话框，如图2-124所示。其中，"保真度"选项可以调节绘制曲线上点的精确度、曲线的平滑度。在"选项"选项组中，选中"填充新画笔描边"复选框，每次使用画笔工具绘制图形时，系统都会自动以默认颜色来填充对象的笔画；选中"保持选定"复选框，绘制的曲线处于选中状态；选中"编辑所选路径"复选框，画笔工具可以对选中的路径进行编辑。

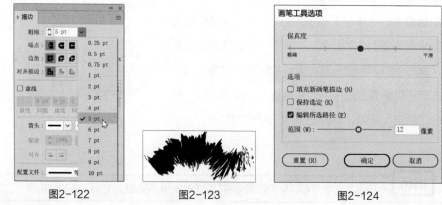

图2-121　　　　　　　图2-122　　　　　　　图2-123　　　　　　　图2-124

2.3.2 "画笔"面板

选择"窗口>画笔"命令，弹出"画笔"面板。下面详细讲解"画笔"面板。

1. 画笔类型

Illustrator 2022包括5种类型的画笔，即散点画笔、书法画笔、毛刷画笔、图案画笔、艺术画笔。

（1）散点画笔

在系统默认状态下，"画笔"面板中不显示散点画笔。单击"画笔"面板菜单按钮≡，将弹出下拉菜单，选择"打开画笔库"命令，弹出子菜单，如图2-125所示。在菜单中选择任意一种散点画笔，弹出相应的面板，选择"心形"画笔，如图2-126所示，该画笔被加载到了"画笔"面板中，如图2-127所示。选择画笔工具✐，在页面上连续单击或拖曳鼠标，就可以绘制出需要的图形，效果如图2-128所示。

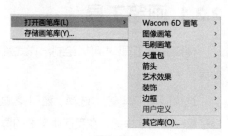

图2-125

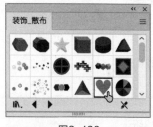

图2-126　　　　　　　图2-127　　　　　　　图2-128

（2）书法画笔

在系统默认状态下的"画笔"面板中，书法画笔为显示状态，如图2-129所示。选择任意一种书法画笔，选择画笔工具✐，在页面中拖曳鼠标，即可绘制一个线条，效果如图2-130所示。

（3）毛刷画笔

在系统默认状态下，在"画笔"面板中，毛刷画笔为显示状态，如图2-131所示。选择画笔工具 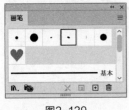 ，在页面中拖曳鼠标，即可绘制一个线条，效果如图2-132所示。

图2-129　　　　　图2-130　　　　　图2-131　　　　　图2-132

（4）图案画笔

在系统默认状态下，在"画笔"面板中，图案画笔为显示状态。不过，这里不使用默认的图案画笔。打开面板菜单，选择"打开画笔库 > 边框 > 边框_装饰"命令，弹出相应的面板，选择"前卫"画笔，如图2-133所示，该画笔被加载到了"画笔"面板中，如图2-134所示。选择画笔工具，在页面上拖曳鼠标，就可以绘制出需要的图形，效果如图2-135所示。

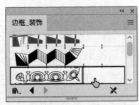
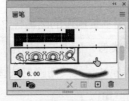

图2-133　　　　　图2-134　　　　　图2-135

（5）艺术画笔

在系统默认状态下，在"画笔"面板中，艺术画笔为显示状态，如图2-136所示。选择任意一种艺术画笔，选择画笔工具，在页面中拖曳鼠标，即可绘制一个线条，效果如图2-137所示。

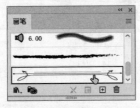
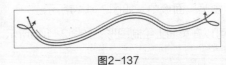

图2-136　　　　　　　　图2-137

2. 更改画笔类型

选中想要更改画笔类型的图形，如图2-138所示，在"画笔"面板中单击需要的画笔样式，如图2-139所示，即可更改画笔类型，更改后的图形效果如图2-140所示。

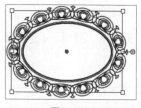

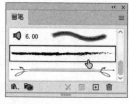

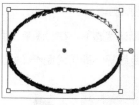

图2-138　　　　　　　　图2-139　　　　　　　　图2-140

3.　"画笔"面板的按钮

"画笔"面板右下角有4个按钮。从左到右依次是"移去画笔描边"按钮 ✕ 、"所选对象的选项"按钮 ▤ 、"新建画笔"按钮 ⊞ 和"删除画笔"按钮 🗑 。

"移去画笔描边"按钮 ✕：可以将当前选中的图形上的描边删除，而留下原始路径。

"所选对象的选项"按钮 ▤：可以打开应用到所选图形的画笔选项对话框，在对话框中可以编辑画笔。

"新建画笔"按钮 ⊞：可以创建新的画笔。

"删除画笔"按钮 🗑：可以删除选中的画笔样式。

4.　自定义画笔

在Illustrator 2022中，除了可以利用系统预设的画笔样式和编辑已有的画笔外，还可以使用自定义的画笔。不同类型的画笔，定义的方法类似。值得注意的是，如果新建散点画笔，那么作为散点画笔的图形对象中不能包含图案、渐变填充等属性；如果新建书法画笔和艺术画笔，就不需要事先制作好图案，在相应的画笔选项对话框中进行设置就可以了。

选中想要制作成为画笔的对象，如图2-141所示。单击"画笔"面板底部的"新建画笔"按钮 ⊞ ，或在面板菜单中选择"新建画笔"命令，弹出"新建画笔"对话框，选中"散点画笔"单选按钮，如图2-142所示。

单击"确定"按钮，弹出"散点画笔选项"对话框，如图2-143所示。单击"确定"按钮，制作的画笔将自动添加到"画笔"面板中，如图2-144所示。使用新定义的画笔可以在页面上绘制图形，如图2-145所示。

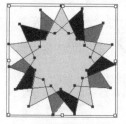

图2-141　　　　　　　　图2-142

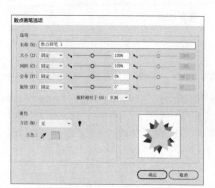

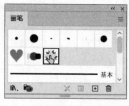

图2-143　　　　　　　　图2-144　　　　　　　　图2-145

2.3.3 铅笔工具

使用铅笔工具 ✏ 可以随意绘制出自由的曲线路径，在绘制过程中系统会自动依据鼠标指针的轨迹来设定锚点并生成路径。铅笔工具既可以绘制闭合路径，又可以绘制开放路径，还可以将已经存在的曲线的锚点作为起点，延伸绘制出新的曲线，从而达到修改曲线的目的。

选择铅笔工具 ✏，在页面中拖曳鼠标，可以绘制一条路径，如图2-146所示。释放鼠标左键，绘制出的效果如图2-147所示。

选择铅笔工具 ✏，在页面中拖曳鼠标，如图2-148所示，按住Alt键将鼠标指针拖曳到起点上再释放鼠标左键，可以以直线段闭合路径，如图2-149所示。

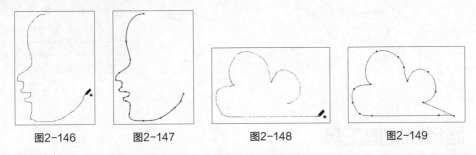

图2-146　　　　图2-147　　　　图2-148　　　　图2-149

绘制一个闭合的图形并选中这个图形，再选择铅笔工具 ✏，在闭合图形上的两个锚点之间拖曳鼠标，如图2-150所示，可以修改图形的形状。释放鼠标左键，得到的图形效果如图2-151所示。

双击铅笔工具 ✏，弹出"铅笔工具选项"对话框，如图2-152所示。其中，"保真度"选项可以调节绘制曲线上点的精确度，以及曲线的平滑度。在"选项"选项组中，选中"填充新铅笔描边"复选框，如果当前设置了填充颜色，绘制出的路径将使用该颜色；选中"保持选定"复选框，绘制的曲线处于选中状态；选中"Alt键切换到平滑工具"复选框，可以在按住Alt键时将铅笔工具临时切换为平滑工具；选中"当终端在此范围内时闭合路径"复选框，可以在设置的预定义像素数内自动闭合绘制的路径；选中"编辑所选路径"复选框，铅笔工具可以对选中的路径进行编辑。

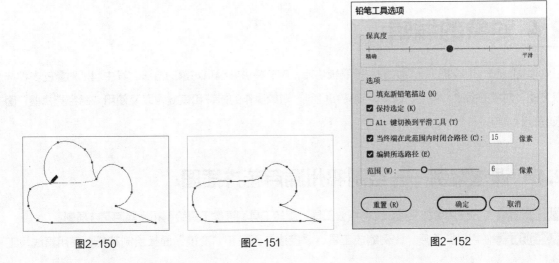

图2-150　　　　　　　　图2-151　　　　　　　　图2-152

2.3.4 平滑工具

　　使用平滑工具 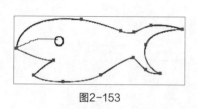 可以将尖锐的曲线变得较为平滑。

　　选中曲线，选择平滑工具 ，在路径上拖曳鼠标，如图2-153所示，可以平滑路径，效果如图2-154所示。

　　双击平滑工具 ，弹出"平滑工具选项"对话框，如图2-155所示。其中，"保真度"选项可以调节处理曲线上点的精确度、曲线的平滑度。

图2-153

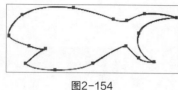

图2-154

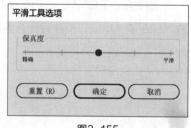

图2-155

2.3.5 路径橡皮擦工具

　　使用路径橡皮擦工具 可以擦除已有对象的全部路径或者一部分路径，但是不能应用于文本对象和包含渐变网格的对象。

　　选中想要擦除的路径，选择路径橡皮擦工具 ，在路径上两点间拖曳鼠标，如图2-156所示，即可擦除一段路径，效果如图2-157所示。

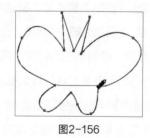

图2-156

图2-157

2.4 对象的编辑

　　Illustrator 2022提供了强大的对象编辑功能，本节将讲解编辑对象的方法，其中包括对象的多种选取方式，对象的缩放、移动、镜像、旋转和倾斜，对象操作的撤销和恢复，以及使用"路径查找器"面板编辑对象等。

2.4.1 课堂案例——绘制祁州漏芦花卉插图

案例学习目标 学习使用绘图工具、比例缩放工具、旋转工具和镜像工具绘制祁州漏芦花卉插图。

案例知识要点 使用椭圆工具、比例缩放工具、"描边"面板和"变换"面板绘制花托，使用直线段工具、椭圆工具、旋转工具和镜像工具绘制花蕊，使用直线段工具、矩形工具、删除锚点工具、镜像工具绘制茎叶。祁州漏芦花卉效果如图2-158所示。

效果所在位置 学习资源\Ch02\效果\绘制祁州漏芦花卉插图.ai。

图2-158

01 按Ctrl+N快捷键，弹出"新建文档"对话框，设置文档的宽度为300 px，高度为400 px，取向为纵向，颜色模式为"RGB颜色"，单击"创建"按钮，新建一个文档。

02 选择矩形工具 ▣，绘制一个与页面大小相同的矩形，设置填充色为淡绿色（RGB值为242、249、244），描边色为"无"，效果如图2-159所示。按Ctrl+2快捷键，锁定所选对象。

03 选择椭圆工具 ◯，按住Shift键的同时在适当的位置绘制一个圆形，设置填充色为洋红色（RGB值为255、108、126），描边色为"无"，效果如图2-160所示。

04 双击比例缩放工具 ⬚，弹出"比例缩放"对话框，选项的设置如图2-161所示；单击"复制"按钮，复制并缩放圆形，效果如图2-162所示。

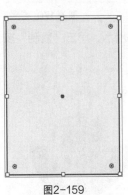

图2-159

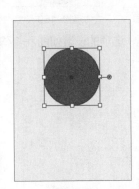

图2-160

图2-161

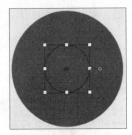

图2-162

05 保持图形选取状态。设置描边色为黄色（RGB值为255、209、119），效果如图2-163所示。选择"窗口 > 描边"命令，弹出"描边"面板，单击"对齐描边"选项中的"使描边外侧对齐"按钮 ⬚，其他选项的设置如图2-164所示，效果如图2-165所示。

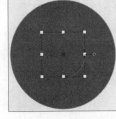

图2-163

图2-164

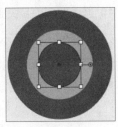

图2-165

06 选择选择工具 ▶，选取后方洋红色圆形，如图2-166所示。选择"窗口 > 变换"命令，弹出"变换"面板，在"椭圆属性"选项组中，将"饼图起点角度"选项设为180°，如图2-167所示，效果如图2-168所示。

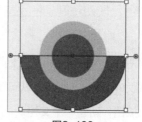

图2-166   图2-167   图2-168

07 选择直线段工具 ／，按住Shift键的同时在适当的位置绘制一条直线，设置描边色为深青色（RGB值为0、175、175），在属性栏中将"描边粗细"选项设为3 pt，效果如图2-169所示。

08 选择椭圆工具 ◯，按住Shift键的同时在适当的位置绘制一个圆形，设置填充色为青色（RGB值为71、212、208），描边色为"无"，效果如图2-170所示。

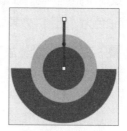
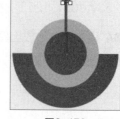

图2-169   图2-170

09 选择选择工具 ▶，按住Shift键的同时单击下方直线段将其同时选取，按Ctrl+G快捷键编组图形，如图2-171所示。选择旋转工具 ↻，按住Alt键的同时在直线段末端单击，如图2-172所示，弹出"旋转"对话框，选项的设置如图2-173所示，单击"复制"按钮，复制并旋转图形，效果如图2-174所示。

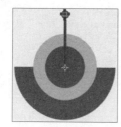

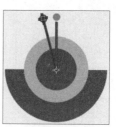

图2-171   图2-172   图2-173   图2-174

10 连续按Ctrl+D快捷键，复制并旋转出多个编组图形，效果如图2-175所示。选择选择工具 ▶，按住Shift键的同时依次单击需要的图形将其同时选取，如图2-176所示。

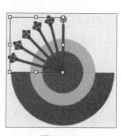

图2-175   图2-176

11 选择镜像工具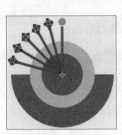，按住Alt键的同时在直线段末端单击，如图2-177所示，弹出"镜像"对话框，选项的设置如图2-178所示，单击"复制"按钮，复制并镜像图形，效果如图2-179所示。

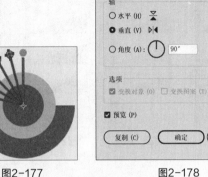

图2-177　　　　　　　　　　　　　图2-178　　　　　　　　　　　　　图2-179

12 选择选择工具，按住Shift键的同时依次单击需要的图形将其同时选取，如图2-180所示。按Ctrl+ [快捷键，将图形后移一层，效果如图2-181所示。

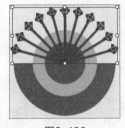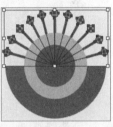

图2-180　　　　　　　图2-181

13 选择直线段工具，按住Shift键的同时在适当的位置绘制一条竖线，设置描边色为绿色（RGB值为48、172、106），效果如图2-182所示。在属性栏中将"描边粗细"选项设为5 pt，效果如图2-183所示。连续按Ctrl+ [快捷键，将竖线向后移至适当的位置，效果如图2-184所示。

图2-182　　　　　　　图2-183　　　　　　　图2-184

14 使用矩形工具在适当的位置绘制一个矩形，设置填充色为绿色（RGB值为48、172、106），描边色为"无"，效果如图2-185所示。选择删除锚点工具，在矩形右上角单击，删除锚点，效果如图2-186所示。

15 选择选择工具，按住Alt+Shift组合键的同时垂直向下拖曳三角形到适当的位置，复制出一个三角形，效果如图2-187所示。按Ctrl+D快捷键，再复制出一个三角形，效果如图2-188所示。

16 选择选择工具 ▶，用框选的方法将绘制的三角形同时选取，如图2-189所示。选择镜像工具 ◁▹，按住Alt键的同时在竖线上单击，如图2-190所示，弹出"镜像"对话框，选项的设置如图2-191所示，单击"复制"按钮，复制并镜像图形，效果如图2-192所示。祁州漏芦绘制完成，效果如图2-193所示。

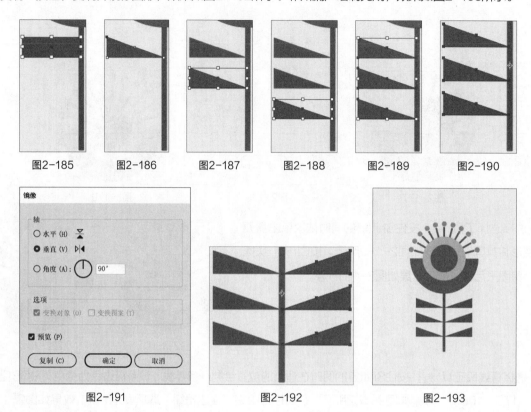

图2-185　　　　图2-186　　　　图2-187　　　　图2-188　　　　图2-189　　　　图2-190

图2-191　　　　　　　　图2-192　　　　　　　　图2-193

2.4.2 对象的选取

在Illustrator 2022中，提供了5种选择工具，包括选择工具 ▶、直接选择工具 ▷、编组选择工具 ▷、魔棒工具 ✦ 和套索工具 ◌。它们都位于工具箱的上方，如图2-194所示。

图2-194

选择工具 ▶： 通过单击路径上的一点来选择整个路径。

直接选择工具 ▷： 可以选择路径上独立的锚点或线段，并显示出相关的方向线以便于调整。

编组选择工具 ▷： 可以单独选择组合对象中的个别对象。

魔棒工具 ✦： 可以选择具有相同描边或填充属性的对象。

套索工具 ◌： 可以选择路径上独立的锚点或线段，选择套索工具，拖曳鼠标，经过轨迹上的所有路径将被同时选中。

在编辑一个对象之前，首先要选中这个对象。对象刚建立时一般呈选取状态，对象的周围有矩形选框。矩形选框上有8个控制手柄，对象的中心有一个" • "形的中心标记，如图2-195所示。

当选取多个对象时，会多个对象共有一个矩形选框，如图2-196所示。要取消对象的选取状态，在页面上的其他位置单击即可。

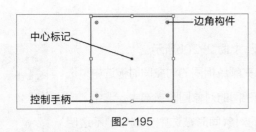

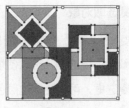

图2-195　　　　　　　　　　　　　图2-196

1. 使用选择工具选取对象

选择选择工具▶，当鼠标指针移动到对象或路径上时，指针变为▶形状，如图2-197所示；当鼠标指针移动到锚点上时，指针变为▶形状，如图2-198所示；单击即可选取对象，指针变为▶形状，如图2-199所示。

选择选择工具▶，从要选取对象的外围开始拖曳鼠标，会出现一个灰色的矩形选框，如图2-200所示。框选住对象的局部后释放鼠标左键，被框选的对象处于选取状态，如图2-201所示。

图2-197　　　　　图2-198　　　　　图2-199　　　　　图2-200　　　　　图2-201

2. 使用直接选择工具选取对象

选择直接选择工具▷，单击对象可以选取整个对象，如图2-202所示。在对象的某个锚点上单击，则只有该锚点被选中，如图2-203所示。拖曳鼠标，将改变该锚点处的形状，如图2-204所示。

图2-202　　　　　　　　图2-203　　　　　　　　图2-204

3. 使用魔棒工具选取对象

双击魔棒工具 ✦，弹出"魔棒"面板，如图2-205所示。

图2-205

选中"填充颜色"复选框，可以使填充颜色相同的对象同时被选中；选中"描边颜色"复选框，可以使描边颜色相同的对象同时被选中；选中"描边粗细"复选框，可以使描边粗细相同的对象同时被选中；选中"不透明度"复选框，可以使透明度相同的对象同时被选中；选中"混合模式"复选框，可以使混合模式相同的对象同时被选中。

绘制3个图形，如图2-206所示，"魔棒"面板的设定如图2-207所示，选择魔棒工具 ✦，单击左边图形的胸部，那么填充颜色相同的对象都会被选取，效果如图2-208所示。

图2-206

图2-207

图2-208

绘制3个图形，如图2-209所示，"魔棒"面板的设定如图2-210所示，选择魔棒工具 ✦，单击左边图形的翅膀描边，那么描边颜色相同的对象都会被选取，如图2-211所示。

图2-209

图2-210

图2-211

4. 使用套索工具选取对象

选择套索工具 ⚲，在对象的外围拖曳鼠标绘制一个套索圈，如图2-212所示，释放鼠标左键，圈内的对象被选取，效果如图2-213所示。

图2-212

图2-213

选择套索工具 ⚲，从对象外围开始拖曳鼠标，在对象上绘制出一条套索线，如图2-214所示。释放鼠标左键，套索线经过的对象将同时被选中，效果如图2-215所示。

图2-214

图2-215

2.4.3 对象的缩放、移动和镜像

1．对象的缩放

在Illustrator 2022中，可以快速而精确地缩放对象，使设计工作变得更轻松。下面介绍对象的缩放方法。

（1）使用工具箱中的工具缩放对象

选取要缩放的对象，对象的周围出现控制手柄，如图2-216所示。拖曳需要的控制手柄，如图2-217所示，可以缩放对象，效果如图2-218所示。

> **提示** 拖曳4个角上的控制手柄时，按住Shift键，对象会成比例缩放；按住Shift+Alt组合键，对象会成比例地以对象中心为基点缩放。

选取要缩放的对象，再选择比例缩放工具，对象的中心出现缩放对象的中心控制点，拖曳中心控制点可以移动其位置，如图2-219所示。用鼠标在页面中沿水平方向上拖曳，可以围绕中心控制点缩放对象宽度，效果如图2-220所示；沿垂直方向上拖曳，可以围绕中心控制点缩放对象高度，效果如图2-221所示。

图2-216　　图2-217　　图2-218　　图2-219　　图2-220　　图2-221

（2）使用"变换"面板缩放对象

选择要缩放的对象。选择"窗口 > 变换"命令（快捷键为Shift+F8），弹出"变换"面板，如图2-222所示。在面板中，"X"选项可以设置对象在x轴上的位置，"Y"选项可以设置对象在y轴上的位置。改变x轴和y轴的数值，就可以移动对象。"宽"选项可以设置对象的宽度，"高"选项可以设置对象的高度。改变宽度和高度值，就可以缩放对象。选中"缩放圆角"复选框，可以等比例缩放圆角半径值。选中"缩放描边和效果"复选框，可以等比例缩放添加的描边和效果。

（3）使用菜单命令缩放对象

选择要缩放的对象。选择"对象 > 变换 > 缩放"命令，弹出"比例缩放"对话框，如图2-223所示。在对话框中，选择"等比"选项可以调节对象成比例缩放，右侧的文本框可以设置对象成比例缩放的百分比数值。选择"不等比"选项可以调节对象不成比例缩放，"水平"选项可以设置对象在水平方向上的缩放百分比，"垂直"选项可以设置对象在垂直方向上的缩放百分比。

图2-222　　　　图2-223

（4）使用快捷菜单命令缩放对象

在选取的对象上单击鼠标右键，弹出快捷菜单，选择"变换 > 缩放"命令，也可以弹出"比例缩放"对话框，对对象进行缩放。

提示 对象的移动、镜像、旋转和倾斜操作也可以使用快捷菜单命令来完成。

2. 对象的移动

在Illustrator 2022中，可以快速而精确地移动对象。要移动对象，就要先选取对象。

（1）使用工具箱中的工具和按键移动对象

选取要移动的对象，效果如图2-224所示。在对象上按住鼠标左键不放，拖曳鼠标到需要放置对象的位置，如图2-225所示。释放鼠标左键，完成对象的移动操作，效果如图2-226所示。

选取要移动的对象，用键盘上的方向键可以微调对象的位置。

（2）使用"变换"面板移动对象

选取要移动的对象。选择"窗口 > 变换"命令（快捷键为Shift+F8），弹出"变换"面板。使用"变换"面板移动对象的方法和缩放对象相同，这里不再赘述。

（3）使用菜单命令移动对象

选取要移动的对象。选择"对象 > 变换 > 移动"命令（快捷键为Shift+Ctrl+M），弹出"移动"对话框，如图2-227所示。在对话框中，"水平"选项可以设置对象在水平方向上移动的数值，"垂直"选项可以设置对象在垂直方向上移动的数值。"距离"选项可以设置对象移动的距离。"角度"选项可以设置对象移动或旋转的角度。"复制"按钮用于复制出一个移动对象。

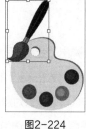
图2-224

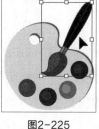
图2-225

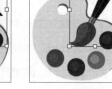
图2-226

图2-227

3. 对象的镜像

在Illustrator 2022中，可以快速而精确地进行镜像操作，以使设计工作更加高效。

（1）使用工具箱中的工具镜像对象

选取要镜像的对象，如图2-228所示，选择镜像工具，拖曳对象进行旋转，效果如图2-229所示，释放鼠标左键，这样可以实现图形的旋转变换，也就是对象绕自身中心的镜像变换，镜像后的效果如图2-230所示。

选取要镜像的对象，选择镜像工具，在页面上任意位置单击，可以确定新的镜像轴标志 的位置，效果如图2-231所示。在页面上任意位置再次单击，则单击产生的点与镜像轴标志的连线就作为镜像变换的镜像轴，对象在绕镜像轴对称的地方生成镜像，效果如图2-232所示。

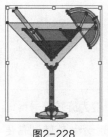

图2-228　　　　　　图2-229　　　　　　图2-230　　　　　　图2-231　　　　　　图2-232

> **提示**　在使用镜像工具镜像对象的过程中，只能用对象本身产生镜像。要在镜像的位置生成一个对象的复制品，方法很简单，在拖曳鼠标的同时按住Alt键即可。镜像工具也可以用于旋转对象。

选择选择工具▶，选取要镜像的对象，效果如图2-233所示。拖曳控制手柄到相对的边，如图2-234所示，释放鼠标左键就可以得到不规则的镜像对象，效果如图2-235所示。

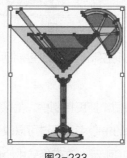
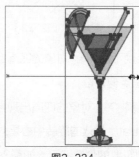
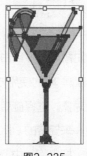

图2-233　　　　　　　　图2-234　　　　　　　　图2-235

拖曳左边或右边中间的控制手柄到相对的边，释放鼠标左键就可以得到原对象的水平镜像。拖曳上边或下边中间的控制手柄到相对的边，释放鼠标左键就可以得到原对象的垂直镜像。

> **提示**　按住Shift键拖曳边角上的控制手柄到相对的边，对象会成比例地沿对角线方向生成镜像。按住Shift+Alt组合键拖曳边角上的控制手柄到相对的边，对象会成比例地绕中心生成镜像。

（2）使用菜单命令镜像对象

选取要镜像的对象。选择"对象 > 变换 > 镜像"命令，弹出"镜像"对话框，如图2-236所示。在"轴"选项组中，选择"水平"单选按钮可以垂直镜像对象，选择"垂直"单选按钮可以水平镜像对象，选择"角度"单选按钮可以设置对象镜像的角度。在"选项"选项组中，选择"变换对象"选项，镜像的对象不是图案；选择"变换图案"选项，镜像的对象是图案。"复制"按钮用于从原对象上复制一个镜像对象。

图2-236

2.4.4 对象的旋转和倾斜

1. 对象的旋转

（1）使用工具箱中的工具旋转对象

使用选择工具 ▶ 选取要旋转的对象，将鼠标指针移动到控制手柄外围，这时指针变为旋转符号 ↰，效果如图2-237所示。拖曳鼠标旋转对象，旋转时会指示旋转角度，效果如图2-238所示。旋转到需要的角度后释放鼠标左键，效果如图2-239所示。

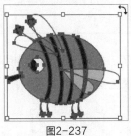 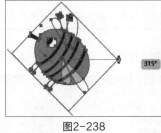 

图2-237   图2-238   图2-239

选取要旋转的对象，选择自由变换工具 ▦，对象的四周会出现控制柄。拖曳控制柄，就可以旋转对象。此工具与选择工具 ▶ 的使用方法类似。

选取要旋转的对象，选择旋转工具 ↻，对象的四周出现控制柄。拖曳控制柄，就可以旋转对象。对象是围绕旋转中心 ✛ 来旋转的。Illustrator默认的旋转中心是对象的中心点，不过可以改变，将鼠标指针移动到旋转中心上，拖曳旋转中心到需要的位置即可，如图2-240所示。改变旋转中心后旋转对象的效果如图2-241所示。

图2-240   图2-241

（2）使用"变换"面板旋转对象

选取要旋转的对象。选择"窗口 > 变换"命令，弹出"变换"面板。使用"变换"面板旋转对象的方法和缩放对象相同，这里不再赘述。

（3）使用菜单命令旋转对象

选取要旋转的对象。选择"对象 > 变换 > 旋转"命令或双击旋转工具 ↻，弹出"旋转"对话框，如图2-242所示。在对话框中，"角度"选项可以设置对象旋转的角度；选择"变换对象"选项，旋转的对象不是图案；选择"变换图案"选项，旋转的对象是图案。"复制"按钮用于从原对象上复制一个旋转对象。

图2-242

2. 对象的倾斜

（1）使用工具箱中的工具倾斜对象

选取要倾斜对象，效果如图2-243所示。选择倾斜工具 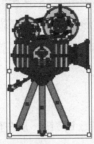，拖曳控制手柄或对象，倾斜时会指示倾斜变形的角度，效果如图2-244所示。倾斜到需要的角度后释放鼠标左键，对象的倾斜效果如图2-245所示。

图2-243　　　　　图2-244　　　　　图2-245

（2）使用"变换"面板倾斜对象

选择"窗口 > 变换"命令，弹出"变换"面板。使用"变换"面板倾斜对象的方法和缩放对象相同，这里不再赘述。

（3）使用菜单命令倾斜对象

选择"对象 > 变换 > 倾斜"命令，弹出"倾斜"对话框，如图2-246所示。在对话框中，"倾斜角度"选项可以设置对象倾斜的角度。在"轴"选项组中，选择"水平"单选按钮，可以水平倾斜对象；选择"垂直"单选按钮，可以垂直倾斜对象；选择"角度"单选按钮，可以调节对象倾斜的角度。"复制"按钮用于从原对象上复制一个倾斜对象。

图2-246

2.4.5　对象操作的撤销和恢复

在进行设计的过程中，可能会出现错误的操作，这时可以撤销和恢复对象的操作。

1. 撤销对象的操作

选择"编辑 > 还原"命令（快捷键为Ctrl+Z），可以撤销上一次的操作。连续按Ctrl+Z快捷键，可以连续撤销原来的多次操作。

2. 恢复对象的操作

选择"编辑 > 重做"命令（快捷键为Shift+Ctrl+Z），可以恢复上一次的操作。连续按两次Shift+Ctrl+Z快捷键，可恢复前两步操作。

2.4.6 "路径查找器"面板

"路径查找器"面板包含一组功能强大的路径编辑命令。使用"路径查找器"面板可以对许多简单的路径进行特定的运算，形成各种复杂的路径。

选择"窗口 > 路径查找器"命令（快捷键为Shift+Ctrl+F9），弹出"路径查找器"面板，如图2-247所示。

图2-247

1. 认识"路径查找器"面板的按钮

"路径查找器"面板的"形状模式"选项组中有5个按钮，从左至右分别是"联集"按钮、"减去顶层"按钮、"交集"按钮、"差集"按钮和"扩展"按钮。使用前4个按钮可以通过不同的组合方式在多个图形间制作出对应的复合图形，而使用"扩展"按钮则可以把复合图形转变为复合路径。

"路径查找器"选项组中有6个按钮，从左至右分别是"分割"按钮、"修边"按钮、"合并"按钮、"裁剪"按钮、"轮廓"按钮和"减去后方对象"按钮。这组按钮主要是用于把对象分解成各个独立的部分，或者删除对象中不需要的部分。

2. 使用"路径查找器"面板

（1）"联集"按钮

在页面中绘制两个图形对象，如图2-248所示。选中这两个对象，如图2-249所示，单击"联集"按钮，从而生成新的对象，取消选取状态后的效果如图2-250所示。"联集"命令可以合并所选对象的形状区域，所生成的新对象的填充和描边属性与顶部对象相同。

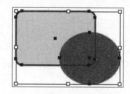

图2-248　　　　　　　图2-249　　　　　　　图2-250

（2）"减去顶层"按钮

在页面中绘制两个图形对象，如图2-251所示。选中这两个对象，如图2-252所示，单击"减去顶层"按钮，从而生成新的对象，取消选取状态后的效果如图2-253所示。"减去顶层"命令可以在最下层对象的基础上，将被上层对象挡住的部分和上层对象同时删除，只剩下最下层对象的剩余部分。

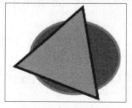
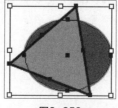

图2-251　　　　　　　图2-252　　　　　　　图2-253

（3）"交集"按钮▣

在页面中绘制两个图形对象，如图2-254所示。选中这两个对象，如图2-255所示，单击"交集"按钮▣，从而生成新的对象，取消选取状态后的效果如图2-256所示。"交集"命令可以将图形没有重叠的部分删除，而仅仅保留重叠部分，所生成的新对象的填充和描边属性与顶部对象相同。

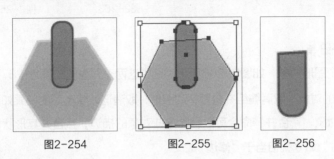

图2-254　　　　　　图2-255　　　　　　图2-256

（4）"差集"按钮▣

在页面中绘制两个图形对象，如图2-257所示。选中这两个对象，如图2-258所示，单击"差集"按钮▣，从而生成新的对象，取消选取状态后的效果如图2-259所示。"差集"命令可以删除对象间重叠的部分，所生成的新对象的填充和描边属性与顶部对象相同。

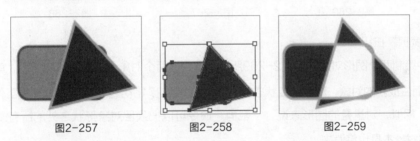

图2-257　　　　　　图2-258　　　　　　图2-259

（5）"分割"按钮▣

在页面中绘制两个图形对象，如图2-260所示。选中这两个对象，如图2-261所示，单击"分割"按钮▣，从而生成新的对象，取消编组并分别移动图形，取消选取状态后的效果如图2-262所示。"分割"命令可以分离相互重叠的图形，得到多个独立的对象。

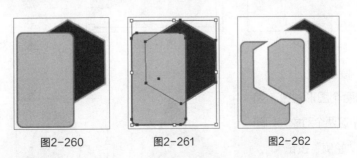

图2-260　　　　　　图2-261　　　　　　图2-262

（6）"修边"按钮▣

在页面中绘制两个图形对象，如图2-263所示。选中这两个对象，如图2-264所示，单击"修边"按钮▣，从而生成新的对象，取消编组并分别移动图形，取消选取状态后的效果如图2-265所示。"修边"命令可以删除所有对象的描边属性和被上层对象挡住的部分，新生成的对象保持原来的填充属性。

  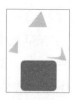

图2-263 　　　　图2-264 　　　　图2-265

（7）"合并"按钮

在页面中绘制两个图形对象，如图2-266所示。选中这两个对象，如图2-267所示，单击"合并"按钮，从而生成新的对象，取消编组并分别移动图形，取消选取状态后的效果如图2-268所示。对于填充属性相同的多个对象，"合并"命令可以删除这些对象的描边，且合并其形状区域；对于填充属性不同的对象，则"合并"命令就相当于"修边"命令。

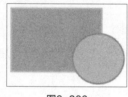 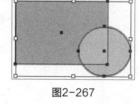 

图2-266 　　　　图2-267 　　　　图2-268

（8）"裁剪"按钮

在页面中绘制两个图形对象，如图2-269所示。选中这两个对象，如图2-270所示，单击"裁剪"按钮，从而生成新的对象，取消选取状态后的效果如图2-271所示。"裁剪"命令的工作原理和"剪切蒙版命令"相似，对重叠的图形来说，"裁剪"命令可以把顶层对象形状之外的所有图形部分裁剪掉，同时顶层对象本身也将消失。

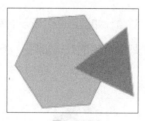 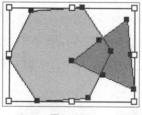 

图2-269 　　　　图2-270 　　　　图2-271

（9）"轮廓"按钮

在页面中绘制两个图形对象，如图2-272所示。选中这两个对象，如图2-273所示，单击"轮廓"按钮，从而生成新的对象，取消选取状态后的效果如图2-274所示。"轮廓"命令可以勾勒出所有对象的轮廓。

 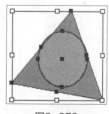 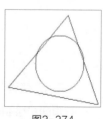

图2-272 　　　　图2-273 　　　　图2-274

（10）"减去后方对象"按钮 ▣

在页面中绘制两个图形对象，如图2-275所示。选中这两个对象，如图2-276所示，单击"减去后方对象"按钮 ▣，从而生成新的对象，取消选取状态后的效果如图2-277所示。"减去后方对象"命令可以从顶层对象中减去下层对象的形状。

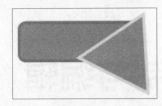

图2-275

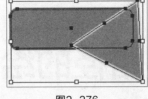

图2-276

图2-277

课堂练习——绘制麦田插画

练习知识要点 使用椭圆工具、直线段工具、锚点工具、"变换"命令、镜像工具和"路径查找器"命令绘制麦穗图形，使用"画笔"面板、画笔工具新建和应用画笔。效果如图2-278所示。

素材所在位置 学习资源\Ch02\素材\绘制麦田插画\01。

效果所在位置 学习资源\Ch02\效果\绘制麦田插画.ai。

图2-278

课后习题——绘制客厅家居插图

习题知识要点 使用圆角矩形工具、镜像工具绘制沙发图形，使用矩形工具、圆角矩形工具、"路径查找器"面板绘制鞋柜图形。效果如图2-279所示。

素材所在位置 学习资源\Ch02\素材\绘制客厅家居插图\01。

效果所在位置 学习资源\Ch02\效果\绘制客厅家居插图.ai。

图2-279

第 3 章

路径的绘制与编辑

本章介绍

本章将讲解Illustrator 2022中路径的相关知识和钢笔工具的使用方法，以及绘制和编辑路径的方法。通过对本章的学习，读者可以运用路径工具、路径命令绘制出需要的线条和图形。

学习目标

- 了解路径和锚点的相关知识。
- 掌握钢笔工具的使用方法。
- 掌握路径的编辑技巧。
- 掌握路径命令的使用方法。

技能目标

- 掌握"网页Banner卡通文具"的绘制方法。

3.1 认识路径和锚点

路径是使用绘图工具创建的直线、曲线或几何形状对象，是组成所有线条和图形的基本元素。

Illustrator 2022提供了多种绘制路径的工具，如钢笔工具、画笔工具、铅笔工具等。路径可以由一个或多个路径组成，即由锚点连接起来的一条或多条线段组成。路径本身没有宽度和颜色，当对路径添加了描边后，路径才跟随描边的宽度和颜色具有了相应的属性。使用"图形样式"面板，可以快速为路径更改不同的样式。

3.1.1 路径

1. 路径的类型

Illustrator 2022中的路径分为开放路径、闭合路径和复合路径3种类型。

开放路径的两个端点没有连接在一起，如图3-1所示。在对开放路径进行填充时，Illustrator 2022会假定路径两端已经连接起来形成了闭合路径。

闭合路径没有起点和终点，是一条连续的路径，如图3-2所示，可对其进行内部填充或描边填充。

复合路径是由两个或两个以上的开放或闭合路径组合而成的路径，如图3-3所示。

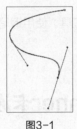

图3-1　　　　图3-2　　　　图3-3

2. 路径的组成

路径由锚点和线段（曲线或直线）组成，可以通过调整路径上的锚点或线段来改变它的形状。在曲线路径上，除起始锚点外，其他锚点均有一条或两条控制线。控制线总是与曲线上锚点所在的圆相切，控制线的端点称为控制点，通过调整控制点可以调整控制线的角度和长度，从而调整曲线的形状，如图3-4所示。

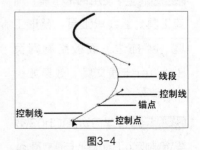

图3-4

3.1.2 锚点

1. 锚点的基本概念

锚点是构成直线或曲线的基本元素，在路径上可任意添加和删除锚点。通过调整锚点可以调整路径的形状，也可以通过锚点的转换来进行直线与曲线的转换。

2. 锚点的类型

锚点分为平滑点和角点两种类型。

平滑点是两条平滑曲线连接处的锚点，可以使两条线段连接成一条平滑的曲线，路径不会突然改变方向。每一个平滑点有两条相对应的控制线，如图3-5所示。

角点所在的位置处，路径的形状会急剧地改变。角点可分为3种类型。

直线角点： 两条直线以一个很明显的角度形成的交点，这种锚点没有控制线，如图3-6所示。

曲线角点： 两条方向各异的曲线相交的点，这种锚点有两条控制线，如图3-7所示。

复合角点： 一条直线和一条曲线的交点，这种锚点有一条控制线，如图3-8所示。

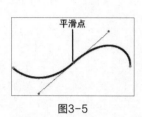

图3-5

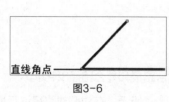

图3-6

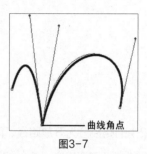

图3-7

图3-8

3.2 钢笔工具

Illustrator 2022中的钢笔工具是一个非常重要的工具。使用钢笔工具可以绘制直线、曲线和任意形状的路径，也可以对线段进行精确的调整。

3.2.1 课堂案例——绘制网页Banner卡通文具

案例学习目标 学习使用钢笔工具、填充工具绘制网页Banner卡通文具。

案例知识要点 使用钢笔工具、渐变工具、直线段工具、整形工具、"描边"面板绘制网页Banner卡通文具。效果如图3-9所示。

图3-9

效果所在位置 学习资源\Ch03\效果\绘制网页Banner卡通文具.ai。

01 按Ctrl+O快捷键，打开学习资源中的"Ch03\素材\绘制网页Banner卡通文具\01"文件，如图3-10所示。

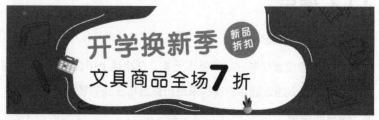

图3-10

02 选择钢笔工具 ，在页面外绘制一个不规则图形，如图3-11所示。双击渐变工具 ，弹出"渐变"面板，单击"线性渐变"按钮 ，在色带上设置两个渐变滑块，分别将渐变滑块的位置设为0%、100%，并设置RGB值分别为（43,36,125）、（53,88,158），其他选项的设置如图3-12所示，图形被填充为渐变色，并设置描边色为"无"，效果如图3-13所示。

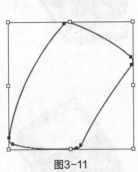

图3-11　　　　　　　　图3-12　　　　　　　　图3-13

03 选择选择工具 ，选取图形，按Ctrl+C快捷键复制图形，按Ctrl+B快捷键将复制的图形粘贴在后面。按↓和→键，微调复制出的图形到适当的位置，效果如图3-14所示。设置填充色的RGB值为（43,36,125），效果如图3-15所示。

04 选择钢笔工具 ，在适当的位置绘制一个不规则图形，设置填充色的RGB值为（245,222,197），描边色为"无"，效果如图3-16所示。使用钢笔工具 ，再绘制一个不规则图形，设置填充色的RGB值为（26,63,122），描边色为"无"，效果如图3-17所示。

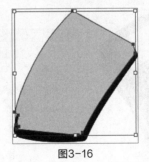

图3-14　　　　　　图3-15　　　　　　图3-16　　　　　　图3-17

05 选择选择工具 ，选取图形，按Ctrl+C快捷键复制图形，按Ctrl+F快捷键将复制的图形粘贴在前面。按↑和←键，微调复制出的图形到适当的位置，效果如图3-18所示。在"渐变"面板中单击"线性渐变"按钮 ，在色带上设置两个渐变滑块，分别将渐变滑块的位置设为0%、100%，并设置RGB值分别为（53,66,158）、（46,111,186），其他选项的设置如图3-19所示，图形被填充为渐变色，效果如图3-20所示。

06 选择钢笔工具 ，在适当的位置绘制一个不规则图形，如图3-21所示。在"渐变"面板中单击"线性渐变"按钮 ，在色带上设置两个渐变滑块，分别将渐变滑块的位置设为0%、100%，并设置RGB值分别为（234,246,249）、（255,255,255），其他选项的设置如图3-22所示，图形被填充为渐变色，效果如图3-23所示。

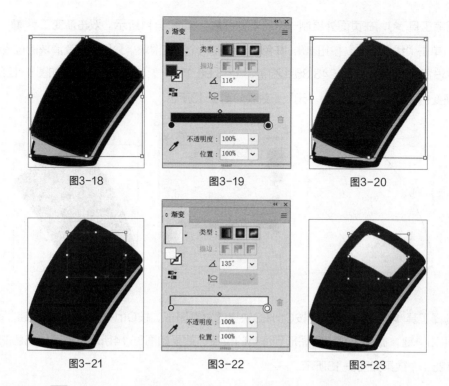

图3-18　　　　　　　图3-19　　　　　　　图3-20

图3-21　　　　　　　图3-22　　　　　　　图3-23

07 选择直线段工具 ，在适当的位置绘制一条斜线，设置描边色的RGB值为（39,71,138），效果如图3-24所示。选择"窗口 > 描边"命令，弹出"描边"面板，单击"端点"选项中的"圆头端点"按钮 ，其他选项的设置如图3-25所示，效果如图3-26所示。

图3-24　　　　　　　图3-25　　　　　　　图3-26

08 选择整形工具 ，将鼠标指针放置在斜线中间位置，向下拖曳鼠标到适当的位置，如图3-27所示；释放鼠标左键，调整斜线弧度，效果如图3-28所示。

09 选择选择工具 ，按住Alt键的同时向下拖曳弧线到适当的位置，复制出一条弧线，效果如图3-29所示。按Ctrl+D快捷键，再复制出一条弧线，效果如图3-30所示。选取中间弧线，按住Alt键的同时向右拖曳右侧中间的控制手柄，调整其长度，效果如图3-31所示。

图3-27　　　　　　　图3-28

图3-29　　　　　　　　　图3-30　　　　　　　　　图3-31

10 选择钢笔工具 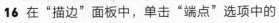，在适当的位置分别绘制不规则图形，如图3-32所示。选择选择工具 ，分别选取需要的图形，填充图形为橘黄色（RGB值为255、159、6）、紫色（RGB值为152、94、209）、粉红色（RGB值为248、74、79），描边色为"无"，效果如图3-33所示。

11 使用选择工具 ，按住Shift键的同时依次单击需要的图形将其同时选取，连续按Ctrl+ [快捷键将图形向后移至适当的位置，效果如图3-34所示。用相同的方法绘制其他图形，并填充相应的颜色，效果如图3-35所示。

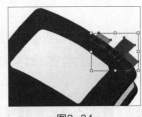

图3-32　　　　　　　　图3-33　　　　　　　　图3-34　　　　　　　　图3-35

12 选择椭圆工具 ，在适当的位置绘制一个椭圆形，设置填充色的RGB值为（195,202,219），描边色为"无"，效果如图3-36所示。

13 选择选择工具 ，按Ctrl+C快捷键复制图形，按Ctrl+F快捷键将复制的图形粘贴在前面。按住Shift键的同时，拖曳右上角的控制手柄，等比例缩小图形，设置填充色的RGB值为（34,53,59），效果如图3-37所示。

14 按住Shift键的同时单击下方灰色椭圆形将其同时选取，拖曳右上角的控制手柄将其旋转到适当的角度，效果如图3-38所示。

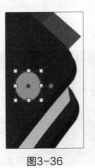

15 选择钢笔工具 ，在适当的位置绘制一条路径，设置描边色的RGB值为（195,202,219），填充描边，效果如图3-39所示。

图3-36　　　　　　图3-37　　　　　　图3-38

16 在"描边"面板中，单击"端点"选项中的"圆头端点"按钮 ，其他选项的设置如图3-40所示，效果如图3-41所示。选择选择工具 ，按住

Shift键的同时依次单击需要的图形将其同时选取，按Ctrl+G快捷键将其编组，如图3-42所示。

图3-39 　　　　　　　　　图3-40 　　　　　　　　　图3-41 　　　　　　　图3-42

17 使用选择工具 ▶ ，按住Alt键的同时向下拖曳编组图形到适当的位置，复制出一个图形，效果如图3-43所示。连续按Ctrl+D快捷键，按需要再复制出多个图形，效果如图3-44所示。

图3-43 　　　　　　　　　　　图3-44

18 使用选择工具 ▶ ，用框选的方法将所绘制的图形全部选取，按Ctrl+G快捷键将其编组，如图3-45所示。拖曳编组图形到页面中适当的位置，效果如图3-46所示。

图3-45 　　　　　　　　　　　　　图3-46

19 用相同的方法绘制"铅笔"和"橡皮擦"图形，效果如图3-47所示。网页Banner卡通文具绘制完成，效果如图3-48所示。

图3-47 　　　　　　　　　　　　　图3-48

3.2.2 直线的绘制

选择钢笔工具 ，在页面中单击确定直线的起点，如图3-49所示。移动鼠标指针到需要的位置，再次单击确定直线的终点，如图3-50所示。

按住Ctrl键在其他位置单击，可以结束绘制；继续单击确定其他的锚点，就可以绘制出折线的效果，如图3-51所示。

在绘制过程中，单击折线上两端之外的锚点，该锚点会被删除，折线的相邻两个锚点将自动连接，如图3-52所示。

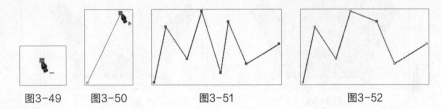

图3-49　　图3-50　　　　　图3-51　　　　　　　　　图3-52

3.2.3 曲线的绘制

选择钢笔工具 ，在页面中拖曳鼠标来确定曲线的起点。起点的两端分别出现了一条控制线，释放鼠标左键，如图3-53所示。

移动鼠标指针到需要的位置，再次拖曳鼠标，出现了一条曲线段。拖曳鼠标的同时，第2个锚点两端也出现了控制线。按住鼠标左键不放，随着鼠标指针的移动，曲线段的形状也随之发生变化，如图3-54所示，释放鼠标左键可确定曲线段的形状。

按住Ctrl键在其他位置单击，可以结束绘制；继续在其他位置拖曳鼠标，则可以绘制出多段曲线，如图3-55所示。

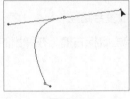

图3-53　　　　　图3-54　　　　　　　　　图3-55

3.2.4 复合路径的绘制

复合路径是指由两个或两个以上的开放或封闭路径所组成的路径。

复合路径和编组是有区别的。编组是组合在一起的一组对象，其中的每个对象都是独立的，可以有不同的外观属性；而复合路径中的所有路径都被认为是一条路径，整个复合路径中只能有一种填充和描边属性。编组和复合路径的效果差别如图3-56和图3-57所示。

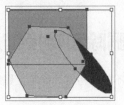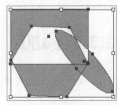

图3-56　　　　　　　图3-57

1. 制作复合路径

（1）使用菜单命令制作复合路径

绘制两个图形，并选中这两个图形对象，效果如图3-58所示。选择"对象 > 复合路径 > 建立"命令（快捷键为Ctrl+8），可以看到两个对象成为复合路径后的效果，如图3-59所示。

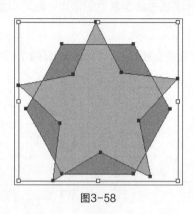

图3-58

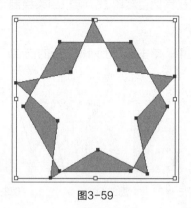

图3-59

（2）使用快捷菜单命令制作复合路径

绘制两个图形，并选中这两个图形对象，用鼠标右键单击，在弹出的快捷菜单中选择"建立复合路径"命令，两个对象成为复合路径。

2. 释放复合路径

（1）使用菜单命令释放复合路径

选中复合路径，选择"对象 > 复合路径 > 释放"命令（快捷键为Alt+Shift+Ctrl+8），可以释放复合路径。

（2）使用快捷菜单命令释放复合路径

选中复合路径，在页面上单击鼠标右键，在弹出的快捷菜单中选择"释放复合路径"命令，可以释放复合路径。

3.3 使用工具编辑路径

Illustrator 2022的工具箱中包括了很多路径编辑工具，可以应用这些工具对路径进行变形、转换和剪切等操作。

3.3.1 添加、删除和转换锚点

按住钢笔工具 ✐ 不放，将展开钢笔工具组，如图3-60所示。

图3-60

1. 添加锚点

绘制一段路径，如图3-61所示。选择添加锚点工具 ，在路径上面的任意位置单击，路径上就会增加一个新的锚点，如图3-62所示。

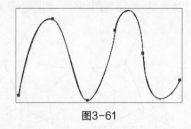

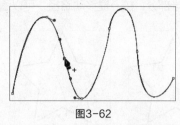

图3-61   图3-62

2. 删除锚点

绘制一段路径，如图3-63所示。选择删除锚点工具 ，在路径上面的任意一个锚点上单击，该锚点就会被删除，如图3-64所示。

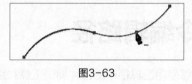

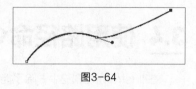

图3-63   图3-64

3. 拖曳锚点

绘制一段闭合路径，如图3-65所示。选择锚点工具 ，拖曳路径上的锚点可以编辑路径的形状，如图3-66所示。

图3-65   图3-66

3.3.2 剪刀工具、美工刀的使用

1. 剪刀工具

绘制一段路径，如图3-67所示。选择剪刀工具 ，单击路径上任意一点，路径就会从单击的地方被剪切为两条路径，如图3-68所示。按↓键移动剪切的锚点，即可看见剪切后的效果，如图3-69所示。

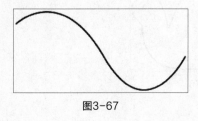

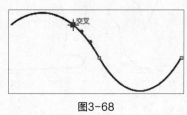

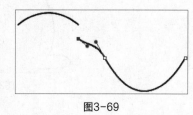

图3-67   图3-68   图3-69

2. 美工刀

绘制一段闭合路径，如图3-70所示。选择美工刀 ，在需要的位置按住鼠标左键从路径的上方至下方拖曳出一条线，如图3-71所示，释放鼠标左键，该闭合路径被裁切为两个闭合路径，如图3-72所示。选中路径的右半部分，按→键移动路径，可以看见路径被裁切为两部分，如图3-73所示。

图3-70

图3-71

图3-72

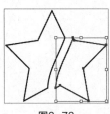
图3-73

3.4 使用路径命令编辑路径

在Illustrator 2022中，除了能够使用工具箱中的各种编辑工具对路径进行编辑外，还可以应用"对象"菜单中的命令对路径进行编辑。选择"对象 > 路径"命令，弹出子菜单，包含11个编辑命令："连接"命令、"平均"命令、"轮廓化描边"命令、"偏移路径"命令、"反转路径方向"命令、"简化"命令、"添加锚点"命令、"移去锚点"命令、"分割下方对象"命令、"分割为网格"命令和"清理"命令，如图3-74所示。

图3-74

3.4.1 "连接"命令

"连接"命令可以将开放路径的两个端点用一条直线段连接起来，从而形成新的路径。如果连接的两个端点在同一条路径上，将形成一条新的闭合路径；如果连接的两个端点在不同的开放路径上，将形成一条新的开放路径。

选择直接选择工具 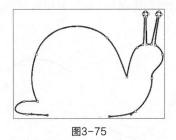，按住Shift键选择要进行连接的两个端点，如图3-75所示。选择"对象 > 路径 > 连接"命令（快捷键为Ctrl+J），两个端点之间将出现一条直线段，把开放路径连接起来，效果如图3-76所示。

图3-75

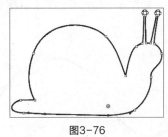
图3-76

3.4.2 "平均"命令

"平均"命令可以将路径上的所有点按一定的方式平均分布,应用该命令可以制作对称的图案。

选择直接选择工具 ，选中要进行平均分布的锚点,如图3-77所示,选择"对象 > 路径 > 平均"命令(快捷键为Alt+Ctrl+J),弹出"平均"对话框,其中包括3个选项,如图3-78所示。选择"水平"单选按钮,单击"确定"按钮,将沿水平轴均匀放置锚点,效果如图3-79所示;选择"垂直"单选按钮,单击"确定"按钮,将沿垂直轴均匀放置锚点,效果如图3-80所示;选择"两者兼有"单选按钮,单击"确定"按钮,将沿水平轴、垂直轴均匀放置锚点,效果如图3-81所示。

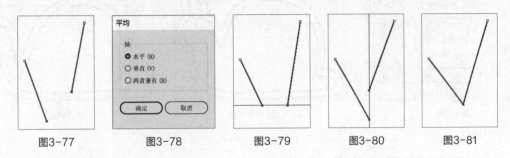

图3-77　　　　　图3-78　　　　　图3-79　　　　　图3-80　　　　　图3-81

3.4.3 "轮廓化描边"命令

"轮廓化描边"命令可以在已有描边的两侧创建新的路径。可以理解为新路径由两条路径组成,这两条路径分别是原来对象描边两侧的边缘。不论是对开放路径还是对闭合路径,使用"轮廓化描边"命令后得到的都将是闭合路径。

使用铅笔工具 绘制出一条路径,选中路径对象,如图3-82所示。选择"对象 > 路径 > 轮廓化描边"命令,创建对象的描边轮廓,效果如图3-83所示。为描边轮廓填充渐变色,效果如图3-84所示。

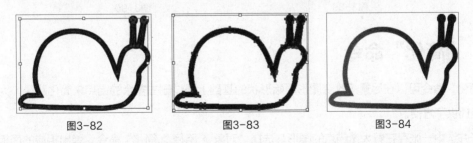

图3-82　　　　　　　　图3-83　　　　　　　　图3-84

3.4.4 "偏移路径"命令

"偏移路径"命令可以围绕着已有路径的外部或内部勾画一条新的路径,新路径与原路径之间偏移的距离可以按需要设置。

选中要偏移的对象,如图3-85所示。选择"对象 > 路径 > 偏移路径"命令,弹出"偏移路径"对话框,如图3-86所示。"位移"选项用来设置偏移的距离,设置的数值为正,新路径在原始路径的外部；设置的数值为负，新路径在原始路径的内部。"连接"选项可以设置新路径拐角上的连接方式，有斜接、圆角和斜角。"斜接限制"选项会影响到连接区域的大小。

设置"位移"选项中的数值为正时，偏移效果如图3-87所示；设置"位移"选项中的数值为负时，偏移效果如图3-88所示。

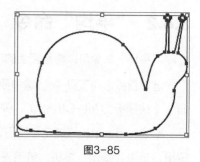

图3-85

图3-86

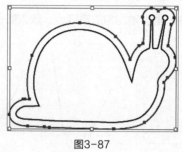

图3-87

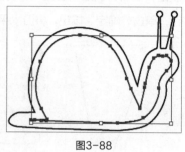

图3-88

3.4.5 "反转路径方向"命令

"反转路径方向"命令可以让复合路径的终点转换为起点。

选中要反转的路径，如图3-89所示。选择"对象 > 路径 > 反转路径方向"命令，反转路径，终点变为起点，如图3-90所示。

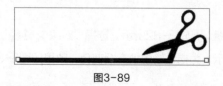

图3-89

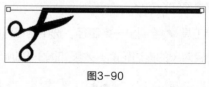

图3-90

3.4.6 "简化"命令

"简化"命令可以在尽量不改变图形原始形状的基础上通过删去多余的锚点来简化路径，为修改和编辑路径提供了方便。

打开并选中一张存在着大量锚点的图形，选择"对象 > 路径 > 简化"命令，弹出相应的面板，如图3-91所示。

"最少锚点数"选项 ⌒：当滑块接近或等于最少锚点数时，锚点较少，但修改后的路径曲线与原始路径会有一些细微偏差。

"最大锚点数"选项：当滑块接近或等于最大锚点数时，锚点不怎么减少，修改后的路径曲线更接近原始曲线。

"自动简化"按钮：默认情况下为选中状态，系统将自动删除多余的锚点，并计算出一条简化的路径。

"更多选项"按钮 ⋯**：**单击此按钮，弹出"简化"对话框，如图3-92所示。在对话框中，"简化曲线"选项可以设置路径简化的精度。"角点角度阈值"选项用来处理尖锐的角点。选中"转换为直线"复选框，将在每对锚点间绘制一条直线。选中"显示原始路径"复选框，在预览简化后的效果时，将显示出原始路径以作对比。单击"确定"按钮，进行简化后的路径与原始图像相比，外观更加平滑，路径上的锚点数目也减少了，效果如图3-93所示。

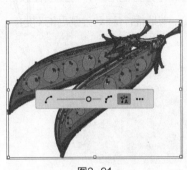
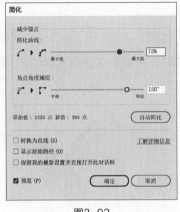
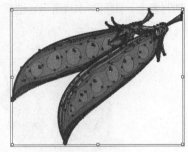

图3-91　　　　　　　　　　图3-92　　　　　　　　　　图3-93

3.4.7 "添加锚点"命令

　　"添加锚点"命令可以给选中的路径增加锚点，执行一次该命令可以在两个相邻的锚点中间添加一个锚点。重复该命令，可以添加更多的锚点。

　　选中要添加锚点的对象，如图3-94所示。选择"对象 > 路径 > 添加锚点"命令，添加锚点后的效果如图3-95所示。重复多次"添加锚点"命令，得到的效果如图3-96所示。

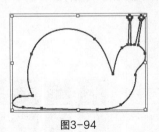
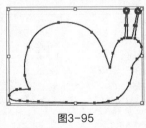
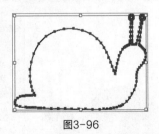

图3-94　　　　　　　　　　图3-95　　　　　　　　　　图3-96

3.4.8 "分割下方对象"命令

　　"分割下方对象"命令可以使用已有的路径分割位于其后方的封闭路径。

　　（1）用开放路径分割对象

　　制作一个对象作为被分割对象，如图3-97所示。制作一个开放路径作为分割对象，将其放在被分割对象上，如图3-98所示。选择"对象 > 路径 > 分割下方对象"命令，分割后，移动分割后的对象，效果如图3-99所示。

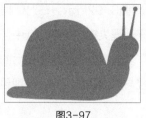
图3-97

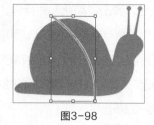
图3-98

图3-99

（2）用闭合路径分割对象

制作一个对象作为被分割对象，如图3-100所示。制作一个闭合路径作为分割对象，将其放在被分割对象上，如图3-101所示。选择"对象 > 路径 > 分割下方对象"命令，切割后，移动分割后的对象，效果如图3-102所示。

图3-100

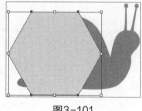
图3-101

图3-102

3.4.9 "分割为网格"命令

"分割为网格"命令可以将一个或多个对象分割为按行和列排列的网格对象。

选中图3-103所示的对象。选择"对象 > 路径 > 分割为网格"命令，弹出"分割为网格"对话框，如图3-104所示。在对话框的"行"选项组中，"数量"选项可以设置对象的分割行数；"列"选项组中，"数量"选项可以设置对象的分割列数。单击"确定"按钮，效果如图3-105所示。

图3-103

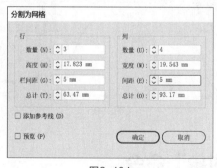
图3-104

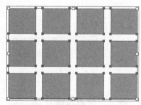
图3-105

3.4.10 "清理"命令

"清理"命令可以为当前文档删除3种多余的对象：游离点、未上色对象和空文本路径。

选择"对象 > 路径 > 清理"命令，弹出"清理"对话框，如图3-106所示。在对话框中，选中"游离点"复选框，可以删除所有的游离点。游离点是一些可以有路径属性但不能打印的点，使用钢笔工具有时会导致游离点的产生。选中"未上色对象"复选框，可以删除所有没有填充色和笔画色的对象，但不能删除蒙版对象。选中"空文本路径"复选框，可以删除所有没有字符的文本路径。设置完成后，单击"确定"按钮，系统将会自动清理当前文档中相应的多余对象。如果文档中没有上述类型的对象，就会弹出一个提示对话框，提示当前文档无须清理，如图3-107所示。

图3-106

图3-107

课堂练习——绘制播放图标

练习知识要点 使用椭圆工具、"缩放"命令、"偏移路径"命令、多边形工具和"变换"面板绘制播放图标。效果如图3-108所示。

效果所在位置 学习资源\Ch03\效果\绘制播放图标.ai。

图3-108

课后习题——绘制图案纹样

习题知识要点 使用星形工具、直接选择工具、旋转工具、椭圆工具、直线段工具和"偏移路径"命令绘制花托，使用椭圆工具、锚点工具绘制花瓣，使用椭圆工具、直线段工具、旋转工具绘制花蕊。效果如图3-109所示。

效果所在位置 学习资源\Ch03\效果\绘制图案纹样.ai。

图3-109

第 4 章

对象的组织

本章介绍

本章将讲解Illustrator 2022中对象的对齐与分布，对象和图层顺序的调整，以及对象的编组、锁定与隐藏等。这些操作对组织对象非常有用。通过学习本章的内容，读者可以高效地对齐、分布和控制多个对象，以使工作更加得心应手。

学习目标

● 掌握对齐和分布对象的方法。

● 掌握调整对象和图层顺序的技巧。

● 熟练掌握对象的编组方法。

● 掌握对象的锁定和隐藏技巧。

技能目标

● 掌握"美食宣传海报"的制作方法。

4.1 对象的对齐和分布

　　选择"窗口 > 对齐"命令，弹出"对齐"面板，如图4-1所示。单击面板右上方的≡按钮，在弹出的菜单中选择"显示选项"命令，面板中会显示出"分布间距"选项组和"对齐"选项组，如图4-2所示。"对齐"选项组中包括3种对齐方式按钮："对齐画板"按钮、"对齐所选对象"按钮、"对齐关键对象"按钮。

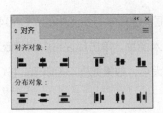

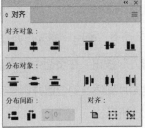

图4-1　　　　　　　　　　　　　　图4-2

4.1.1 课堂案例——制作美食宣传海报

案例学习目标 学习使用"置入"命令、"对齐"面板、"锁定"命令制作美食宣传海报。

案例知识要点 使用矩形工具、添加锚点工具、锚点工具和"剪切蒙版"命令制作海报背景，使用"置入"命令、"对齐"面板将图片对齐，使用文字工具和"字符"面板添加宣传性文字。美食宣传海报效果如图4-3所示。

效果所在位置 学习资源\Ch04\效果\制作美食宣传海报.ai。

图4-3

01 按Ctrl+N快捷键，弹出"新建文档"对话框，设置文档的宽度为150 mm，高度为200 mm，取向为竖向，颜色模式为"CMYK颜色"，光栅效果为"高（300 ppi）"，单击"创建"按钮，新建一个文档。

02 选择矩形工具，绘制一个与页面大小相同的矩形，设置填充色为土黄色（CMYK值为13、22、38、0），描边色为"无"，效果如图4-4所示。按Ctrl+C快捷键复制图形，按Ctrl+F快捷键将复制的图形粘贴在前面。选择选择工具，向下拖曳矩形上边中间的控制手柄到适当的位置，调整其大小，效果如图4-5所示。

03 选择添加锚点工具，在矩形上边中间位置单击，添加一个锚点，如图4-6所示。选择直接选择工具，向上拖曳添加的锚点到适当的位置，如图4-7所示。选择锚点工具，向右拖曳新添加锚点的控制手柄，将该锚点转换为平滑点，效果如图4-8所示。

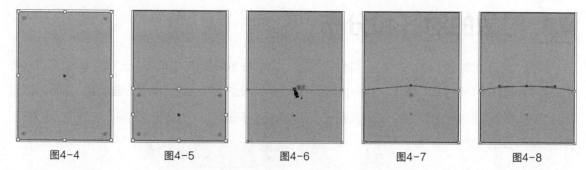

| 图4-4 | 图4-5 | 图4-6 | 图4-7 | 图4-8 |

04 选择"文件 > 置入"命令，弹出"置入"对话框，选择学习资源中的"Ch04\素材\制作美食宣传海报\01"文件，单击"置入"按钮，在页面中单击置入图片，单击属性栏中的"嵌入"按钮，嵌入图片。选择选择工具 ▶，拖曳图片到适当的位置并调整其大小，效果如图4-9所示。按Ctrl+ [快捷键，将图片后移一层，效果如图4-10所示。

05 选择选择工具 ▶，按住Shift键的同时，单击需要的图形将其同时选取，如图4-11所示，按Ctrl+7快捷键建立剪切蒙版，效果如图4-12所示。

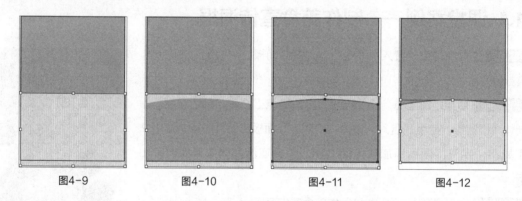

| 图4-9 | 图4-10 | 图4-11 | 图4-12 |

06 选择"文件 > 置入"命令，弹出"置入"对话框，选择学习资源中的"Ch04\素材\制作美食宣传海报\02"文件，单击"置入"按钮，在页面中单击置入图片，单击属性栏中的"嵌入"按钮，嵌入图片。选择选择工具 ▶，拖曳图片到适当的位置并调整其大小，效果如图4-13所示。

07 选择"窗口 > 透明度"命令，弹出"透明度"面板，将混合模式设为"正片叠底"，其他选项的设置如图4-14所示，效果如图4-15所示。

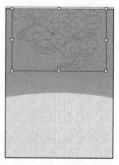

| 图4-13 | 图4-14 | 图4-15 |

08 选择"文件 > 置入"命令，弹出"置入"对话框，选择学习资源中的"Ch04\素材\制作美食宣传海报\03、04"文件，单击"置入"按钮，在页面中分别单击置入图片，单击属性栏中的"嵌入"按钮，嵌入图片。选择选择工具 ▶，分别拖曳图片到适当的位置并调整其大小，效果如图4-16所示。

09 选取后方的背景矩形，按Ctrl+C快捷键复制图形，按Shift+Ctrl+V快捷键就地粘贴图形，如图4-17所示。按住Shift键的同时依次单击上一步骤置入的图片将其同时选取，如图4-18所示，按Ctrl+7快捷键建立剪切蒙版，效果如图4-19所示。按Ctrl+A快捷键全选图形，按Ctrl+2快捷键锁定所选对象。

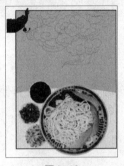
图4-16

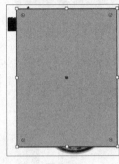
图4-17

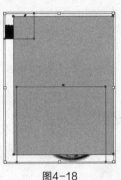
图4-18

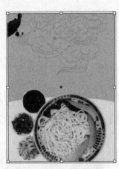
图4-19

10 选择"文件 > 置入"命令，弹出"置入"对话框，选择学习资源中的"Ch04\素材\制作美食宣传海报\05~07"文件，单击"置入"按钮，在页面中分别单击置入图片，单击属性栏中的"嵌入"按钮，嵌入图片。选择选择工具 ▶，分别拖曳图片到适当的位置，并调整其大小，效果如图4-20所示。按住Shift键的同时依次单击刚置入的图片将其同时选取，如图4-21所示。

11 选择"窗口 > 对齐"命令，弹出"对齐"面板，单击"水平居中对齐"按钮 ♣，如图4-22所示，对齐效果如图4-23所示。

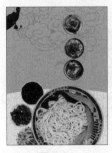
图4-20

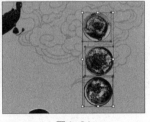
图4-21

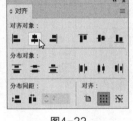
图4-22

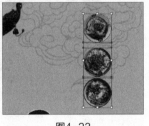
图4-23

12 再次单击第一张图片将其作为对齐关键对象，如图4-24所示。在"对齐"面板中，将"分布间距"选项组的数值框设为5 mm，再单击"垂直分布间距"按钮 ♣，如图4-25所示，将图片等距离垂直分布，效果如图4-26所示。

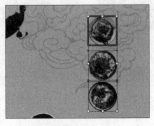
图4-24

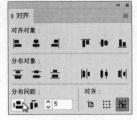
图4-25

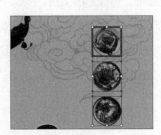
图4-26

13 用相同的方法置入其他图片进行对齐，效果如图4-27所示。选择文字工具 **T**，在页面中分别输入需要的文字，选择选择工具 ▶，在属性栏中选择合适的字体并设置文字大小，效果如图4-28所示。

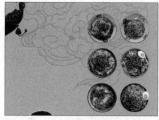

图4-27　　　　　　　　图4-28

14 选取文字"美味中国"，设置填充色为深栗色（CMYK值为67、96、97、66），效果如图4-29所示。按Ctrl+T快捷键，弹出"字符"面板，将"设置所选字符的字距调整" **VA** 选项设为-200，其他选项的设置如图4-30所示，效果如图4-31所示。

图4-29　　　　　　　　图4-30　　　　　　　　图4-31

15 选取文字"传承经典工艺美食"，设置填充色为红色（CMYK的值分别为10、95、96、0），效果如图4-32所示。在"字符"面板中，将"设置所选字符的字距调整" **VA** 选项设为660，其他选项的设置如图4-33所示，效果如图4-34所示。

图4-32　　　　　　　　图4-33　　　　　　　　图4-34

16 按Ctrl+O快捷键，打开学习资源中的"Ch04\素材\制作美食宣传海报\11"文件，选择选择工具 ▶，选取需要的图形，按Ctrl+C快捷键复制图形。选择当前文档，按Ctrl+V快捷键将复制的图形粘贴到页面中，并拖曳复制到适当的位置，效果如图4-35所示。美食宣传海报制作完成，效果如图4-36所示。

图4-35　　　　　　　　图4-36

4.1.2 对齐对象

选取想要进行对齐操作的对象，如果选取的是单个对象，在"对齐"面板"对齐"选项组中，默认选中"对齐画板"按钮，而且不可以选中另外两个按钮，系统将以画板为基准进行所选对象的对齐操作；如果选取的是多个对象，在"对齐"面板"对齐"选项组中，默认选中"对齐所选对象"按钮，接下来将以所选对象为基准进行所选对象的对齐操作，但是，可以单击另外两个按钮进行更改，再进行所选对象的对齐操作。

选取想要进行对齐操作的多个对象后，如果单击所选对象中的一个对象，可以将其设为关键对象，同时，在"对齐"面板"对齐"选项组中，会自动选中"对齐关键对象"按钮，而且，接着单击其余对象可以将其设为关键对象；如果单击"对齐"面板"对齐"选项组中的"对齐关键对象"按钮，系统会随机地将所选对象中的一个对象设为关键对象，但是，可以单击其余对象将其设为关键对象。在设置好关键对象后，系统将以其为基准进行所选对象的对齐操作。

"对齐"面板中的"对齐对象"选项组中包括6种对齐命令按钮："水平左对齐"按钮、"水平居中对齐"按钮、"水平右对齐"按钮、"垂直顶对齐"按钮、"垂直居中对齐"按钮、"垂直底对齐"按钮。

1. 水平左对齐

对多个对象进行水平左对齐时，会以最左边对象的左边缘为基准线，使被选中对象的左边缘都和这条线对齐，垂直方向上的位置不变；最左边对象的位置不变。

选取要对齐的多个对象，如图4-37所示。单击"对齐"面板中的"水平左对齐"按钮，所有选取的对象都将向左对齐，如图4-38所示。

2. 水平居中对齐

对多个对象进行水平居中对齐时，会以中间对象的中点为基准点进行对齐，垂直方向上的位置不变；中间对象的位置不变。

选取要对齐的多个对象，如图4-39所示。单击"对齐"面板中的"水平居中对齐"按钮，所有选取的对象都将水平居中对齐，如图4-40所示。

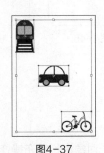 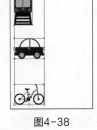 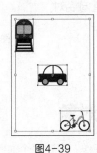 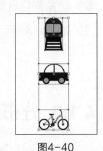

图4-37　　　　　图4-38　　　　　图4-39　　　　　图4-40

3. 水平右对齐

对多个对象进行水平右对齐时，会以最右边对象的右边缘为基准线，使被选中对象的右边缘都和这条线对齐，垂直方向上的位置不变；最右边对象的位置不变。

选取要对齐的多个对象，如图4-41所示。单击"对齐"面板中的"水平右对齐"按钮，所有选取的对象都将水平向右对齐，如图4-42所示。

4. 垂直顶对齐

对多个对象进行垂直顶对齐时，会以最上面对象的上边缘为基准线，使被选中对象的上边缘都和这条线对齐，水平方向上的位置不变；最上面对象的位置不变。

 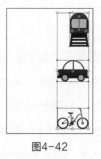 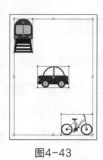 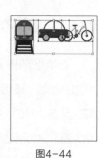

图4-41　　　　　　图4-42　　　　　　图4-43　　　　　　图4-44

选取要对齐的多个对象，如图4-43所示。单击"对齐"面板中的"垂直顶对齐"按钮，所有选取的对象都将向上对齐，如图4-44所示。

5. 垂直居中对齐

对多个对象进行垂直居中对齐时，会以中间对象的中点为基准点进行对齐，水平方向上的位置不变；中间对象的位置不变。

选取要对齐的多个对象，如图4-45所示。单击"对齐"面板中的"垂直居中对齐"按钮，所有选取的对象都将垂直居中对齐，如图4-46所示。

6. 垂直底对齐

对多个对象进行垂直底对齐时，会以最下面对象的下边缘为基准线，使被选中对象的下边缘都和这条线对齐，水平方向上的位置不变，最下面对象的位置不变。

选取要对齐的多个对象，如图4-47所示。单击"对齐"面板中的"垂直底对齐"按钮，所有选取的对象都将垂直向底对齐，如图4-48所示。

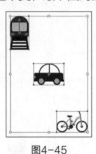 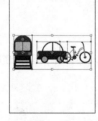 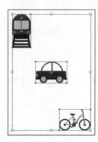 

图4-45　　　　　　图4-46　　　　　　图4-47　　　　　　图4-48

4.1.3 分布对象

对象的分布操作，只对多个对象起作用。在对多个对象进行分布操作时，"对齐"面板的"对齐"选项组中3个按钮的用法，和进行对齐操作时大致相同。

"对齐"面板中的"分布对象"选项组包括6种分布命令按钮："垂直顶分布"按钮、"垂直居中分布"按钮、"垂直底分布"按钮、"水平左分布"按钮、"水平居中分布"按钮、"水平右分布"按钮。

1. 垂直顶分布

以每个选取对象的上边缘为基准线，使对象按相等的间距垂直分布。

选取要分布的多个对象，如图4-49所示。单击"对齐"面板中的"垂直顶分布"按钮 ，所有选取的对象将按各自的上边缘，等距离垂直分布，如图4-50所示。

2. 垂直居中分布

以每个选取对象的中线为基准线，使对象按相等的间距垂直分布。

选取要分布的对象，如图4-51所示。单击"对齐"面板中的"垂直居中分布"按钮 ，所有选取的对象将按各自的中线，等距离垂直分布，如图4-52所示。

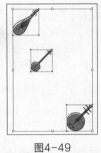 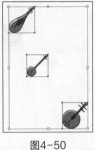 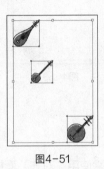 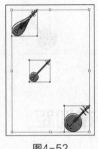

图4-49　　　　　　　图4-50　　　　　　　图4-51　　　　　　　图4-52

3. 垂直底分布

以每个选取对象的下边缘为基准线，使对象按相等的间距垂直分布。

选取要分布的对象，如图4-53所示。单击"对齐"面板中的"垂直底分布"按钮 ，所有选取的对象将按各自的下边缘，等距离垂直分布，如图4-54所示。

4. 水平左分布

以每个选取对象的左边缘为基准线，使对象按相等的间距水平分布。

选取要分布的对象，如图4-55所示。单击"对齐"面板中的"水平左分布"按钮 ，所有选取的对象将按各自的左边缘，等距离水平分布，如图4-56所示。

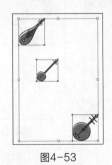 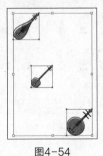 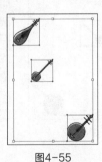 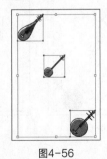

图4-53　　　　　　　图4-54　　　　　　　图4-55　　　　　　　图4-56

5. 水平居中分布

以每个选取对象的中线为基准线，使对象按相等的间距水平分布。

选取要分布的对象，如图4-57所示。单击"对齐"面板中的"水平居中分布"按钮 ，所有选取的对象将按各自的中线，等距离水平分布，如图4-58所示。

6. 水平右分布

以每个选取对象的右边缘为基准线，使对象按相等的间距水平分布。

选取要分布的对象，如图4-59所示。单击"对齐"面板中的"水平右分布"按钮，所有选取的对象将按各自的右边缘，等距离水平分布，如图4-60所示。

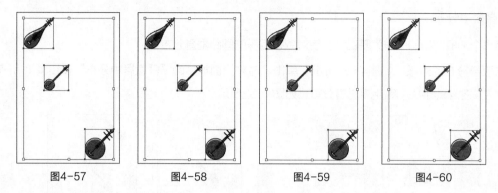

图4-57　　　　　　图4-58　　　　　　图4-59　　　　　　图4-60

4.1.4 分布间距

要精确指定对象间的距离，需使用"对齐"面板中的"分布间距"选项组，其中包括"垂直分布间距"按钮、"水平分布间距"按钮和数值框。

1. 垂直分布间距

选取要对齐的多个对象，如图4-61所示。再单击被选取对象中的任意一个对象，将其设为关键对象，如图4-62所示，该对象将作为其他对象进行分布时的参照。在"对齐"面板的"分布间距"选项组中，将数值设为10 mm，如图4-63所示，单击"垂直分布间距"按钮，所有被选取的对象将以中间梅花琴图形作为参照按设置的数值等距离垂直分布，效果如图4-64所示。

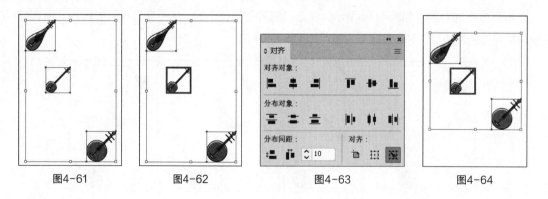

图4-61　　　　　　图4-62　　　　　　图4-63　　　　　　图4-64

2. 水平分布间距

选取要对齐的对象，如图4-65所示。再单击被选取对象中的任意一个对象，将其设为关键对象，如图4-66所示，该对象将作为其他对象进行分布时的参照。在"对齐"面板的"分布间距"选项组中，将数值设为3mm，如图4-67所示，单击"水平分布间距"按钮，所有被选取的对象将以右下方月琴图形作为参照按设置的数值等距离水平分布，效果如图4-68所示。

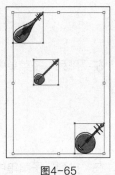
图4-65

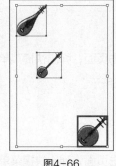
图4-66

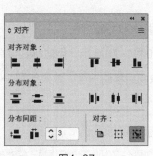
图4-67

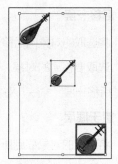
图4-68

4.2 对象和图层顺序的调整

对象之间存在着堆叠的关系，后绘制的对象一般显示在先绘制的对象之上。在实际操作中，可以根据需要改变对象之间的堆叠顺序。

4.2.1 对象的顺序

选中要排序的对象，选择"对象 > 排列"命令，其子菜单包括5个命令，即置于顶层、前移一层、后移一层、置于底层和发送至当前图层，使用这些命令可以改变对象的排序。

此外，选中要排序的对象，用鼠标右键单击，在弹出的快捷菜单中选择"排列"子菜单中的命令，也可以对对象进行排序；还可以应用快捷键来对对象进行排序。

1. 置于顶层

将选取的对象移到所有对象的顶层。

对象间堆叠的效果如图4-69所示。选取要移动的对象，如图4-70所示。用鼠标右键单击页面，弹出快捷菜单，在"排列"子菜单中选择"置于顶层"命令，对象排到最前面，效果如图4-71所示。

2. 前移一层

将选取的对象向前移过一个对象。

选取要移动的对象，如图4-72所示。用鼠标右键单击页面，弹出快捷菜单，在"排列"子菜单中选择"前移一层"命令，对象向前移动一层，效果如图4-73所示。

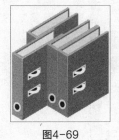
图4-69

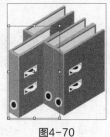
图4-70

图4-71

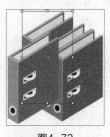
图4-72

图4-73

3. 后移一层

将选取的对象向后移过一个对象。

选取要移动的对象，如图4-74所示。用鼠标右键单击页面，弹出快捷菜单，在"排列"子菜单中选择"后移一层"命令，对象向后移动一层，效果如图4-75所示。

4. 置于底层

将选取的对象移到所有对象的底层。

选取要移动的对象，如图4-76所示。用鼠标右键单击页面，弹出快捷菜单，在"排列"子菜单中选择"置于底层"命令，对象将排到最后面，效果如图4-77所示。

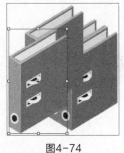
图4-74

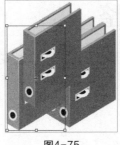
图4-75

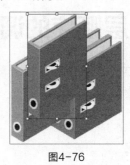
图4-76

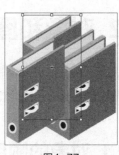
图4-77

5. 发送至当前图层

选择"窗口 > 图层"命令，弹出"图层"面板，在"图层1"上方新建"图层2"，如图4-78所示。选取要发送到当前图层的对象，如图4-79所示，这时"图层1"变为当前图层，如图4-80所示。

图4-78

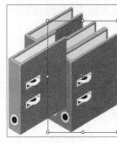
图4-79

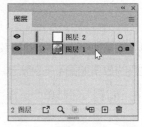
图4-80

单击"图层2"使其成为当前图层，如图4-81所示。用鼠标右键单击页面，弹出快捷菜单，在"排列"子菜单中选择"发送至当前图层"命令，所选对象被发送到当前图层，即"图层2"中，页面效果如图4-82所示，"图层"面板效果如图4-83所示。

图4-81

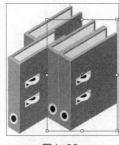
图4-82

图4-83

4.2.2　使用图层排序对象

1. 通过改变图层的排列顺序改变图像的排序

页面中图像的排列顺序，如图4-84所示。在"图层"面板中排列的顺序，如图4-85所示。绿色单层文件夹在"图层1"中，橙色文件夹在"图层2"中，绿色双层文件夹在"图层3"中。

> **提示**　在"图层"面板中，图层的顺序越靠上，该图层中包含的图像在页面中的排列顺序越靠前。

如想使橙色文件夹排列在绿色双层文件夹的前面，在"图层"面板中将"图层3"向下拖曳至"图层2"的下方，如图4-86所示。释放鼠标左键后，橙色文件夹就排列到了绿色双层文件夹的前面，效果如图4-87所示。

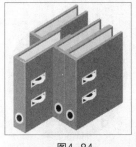

图4-84

图4-85

图4-86

图4-87

2. 在图层之间移动图像

在页面中选取要移动的绿色双层文件夹，如图4-88所示。在"图层"面板中"图层3"的右侧出现一个彩色小方块，如图4-89所示。将其拖曳到"图层2"上，如图4-90所示。释放鼠标左键后，"图层3"中相应的对象随着"图层"面板中彩色小方块的移动，也移动到了"图层2"中对象的前面。移动后，"图层"面板如图4-91所示，图像的效果如图4-92所示。

图4-88

图4-89

图4-90

图4-91

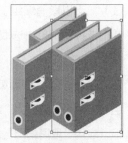

图4-92

4.3 对象的控制

在Illustrator 2022中，可以将多个图形对象进行编组，还可以锁定和隐藏对象。

4.3.1 编组对象

选取要编组的对象，使用"编组"命令可以将其组合在一起。编组之后，使用选择工具 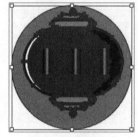 单击任何一个对象，其他对象都会被一起选取。

1. 创建编组

选取要编组的对象，选择"对象 > 编组"命令（快捷键为Ctrl+G），可以将选取的对象编组，如图4-93所示。

将多个对象编组后，其外观并没有变化，当对任何一个对象进行编辑时，其他对象也随之发生相应的变化。如果需要单独编辑编组中的个别对象，而不改变其他对象的状态，可以应用编组选择工具进行选取。选择编组选择工具，拖曳对象到合适的位置，效果如图4-94所示，其他的对象并没有变化。

图4-93   图4-94

> **提示**   "编组"命令还可以将几个不同的编组进行进一步的编组，或在编组与对象之间进行进一步的编组。在几个编组之间进行编组时，原来的编组并没有消失，它与新得到的编组是嵌套的关系。编组不同图层上的对象，编组后所有的对象将自动移动到最上边对象的图层中，并形成编组。

2. 取消编组

选取要取消的编组，如图4-95所示。选择"对象 > 取消编组"命令（快捷键为Shift+Ctrl+G），可以取消编组。取消编组后的对象，可以使用选择工具单击选取任意一个对象，如图4-96所示。

进行一次"取消编组"命令只能取消一层编组，如两个编组使用"编组"命令得到一个新的编组，应用"取消编组"命令取消这个新编组后，会得到两个原始的编组。

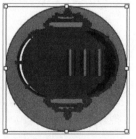

图4-95   图4-96

4.3.2　锁定对象

锁定对象可以防止操作时误选对象，也可以防止当多个对象重叠在一起而只想选择一个对象时，其他对象连带被选取。锁定对象命令包括3种：锁定所选对象、锁定上方所有图稿、锁定其他图层。

1. 锁定所选对象

选取要锁定的对象，如图4-97所示。选择"对象 > 锁定 > 所选对象"命令（快捷键为Ctrl+2），将所选对象锁定。锁定后，当其他对象移动时，锁定对象不会随之移动，如图4-98所示。

2. 锁定上方所有图稿

选取蓝色对象，如图4-99所示。选择"对象 > 锁定 > 上方所有图稿"命令，所选蓝色对象之上的绿色对象和紫色对象被锁定。当移动蓝色对象时，绿色对象和紫色对象不会随之移动，如图4-100所示。

图4-97　　　　　　　图4-98　　　　　　　图4-99　　　　　　　图4-100

3. 锁定其他图层

蓝色对象、绿色对象、紫色对象分别在不同的图层上，如图4-101所示。选取紫色对象，如图4-102所示。选择"对象 > 锁定 > 其他图层"命令，在"图层"面板中，除了紫色对象所在的图层外，其他图层都被锁定了。被锁定图层的左边将会出现一个锁头图标🔒，如图4-103所示。锁定图层中的对象在页面中也都被锁定了。

图4-101　　　　　　　图4-102　　　　　　　图4-103

4. 解除锁定

选择"对象 > 全部解锁"命令（快捷键为Alt+Ctrl+2），被锁定的图像就会被取消锁定。

4.3.3 隐藏对象

在Illustrator 2022中，可以将当前不重要或已经做好的对象隐藏起来，避免妨碍其他对象的编辑。隐藏对象命令包括3种：隐藏所选对象、隐藏上方所有图稿、隐藏其他图层。

1. 隐藏所选对象

选取要隐藏的对象，如图4-104所示。选择"对象 > 隐藏 > 所选对象"命令（快捷键为Ctrl+3），所选对象被隐藏起来，效果如图4-105所示。

2. 隐藏上方所有图稿

选取蓝色对象，如图4-106所示。选择"对象 > 隐藏 > 上方所有图稿"命令，所选蓝色对象之上的所有对象都被隐藏，如图4-107所示。

图4-104

图4-105

图4-106

图4-107

3. 隐藏其他图层

选取紫色对象，如图4-108所示。选择"对象 > 隐藏 > 其他图层"命令，在"图层"面板中，除了紫色对象所在的图层外，其他图层都被隐藏了，即眼睛图标 消失了，如图4-109所示。其他图层中的对象在页面中都被隐藏了，效果如图4-110所示。

图4-108

图4-109

图4-110

4. 显示所有对象

当对象被隐藏后，选择"对象 > 显示全部"命令（快捷键为Alt+Ctrl+3），所有对象都将被显示出来。

课堂练习——制作民间剪纸海报

练习知识要点 使用矩形工具、"变换"面板、"置入"命令、"对齐"面板制作海报背景，使用文字工具和"字符"面板添加内容文字。效果如图4-111所示。

素材所在位置 学习资源\Ch04\素材\制作民间剪纸海报\01。

效果所在位置 学习资源\Ch04\效果\制作民间剪纸海报.ai。

图4-111

课后习题——制作文化传媒运营海报

习题知识要点 使用"置入"命令、锁定对象命令添加背景，使用文字工具、"字符"面板添加宣传文字，使用椭圆工具、直接选择工具、"编组"命令和"再次变换"命令制作装饰图形。效果如图4-112所示。

素材所在位置 学习资源\Ch04\素材\制作文化传媒运营海报\01。

效果所在位置 学习资源\Ch04\效果\制作文化传媒运营海报.ai。

图4-112

第 5 章

颜色填充与描边

本章介绍

本章将介绍Illustrator 2022中的颜色模式，填充工具和命令的使用方法，以及描边和符号的添加和编辑技巧。通过本章的学习，读者可以利用填充和描边功能，绘制出漂亮的图形效果，还可将需要重复应用的图形制作成符号，以提高工作效率。

学习目标

● 掌握3种主要颜色模式的区别与应用方法。

● 熟练掌握不同的填充方法。

● 熟练掌握描边和符号的使用技巧。

技能目标

● 掌握"风景插画"的绘制方法。

● 掌握"科技航天插画"的绘制方法。

5.1 颜色模式

Illustrator 2022支持RGB、CMYK、Web安全RGB、HSB和灰度5种颜色模式，不同的颜色模式调配颜色的基本色不同。最常用的是RGB模式和CMYK模式。

5.1.1 RGB模式

RGB模式源于有色光的三原色原理。它是一种加色模式，通过红、绿、蓝3种颜色相叠加而产生更多的颜色。在编辑图形时，RGB颜色模式是最佳选择，因为它可以提供多达24位的色彩范围。RGB模式的"颜色"面板如图5-1所示，可以在面板中设置R、G、B的值。

图5-1

5.1.2 CMYK模式

CMYK模式主要应用在印刷领域。它通过反射某些颜色的光并吸收另外一些颜色的光来产生不同的颜色，是一种减色模式。CMYK代表了印刷上用的4种油墨：C代表青色，M代表洋红色，Y代表黄色，K代表黑色。CMYK模式的"颜色"面板如图5-2所示，可以在面板中设置C、M、Y、K的值。CMYK模式是图片、插图等最常用的一种印刷方式。在印刷中通常都要进行四色分色，出四色胶片，然后再进行印刷。

图5-2

5.1.3 灰度模式

灰度模式又叫8位深度图。每个像素用8位二进制数表示，能产生2^8（即256级）灰色调。当一个彩色文件被转换为灰度模式文件时，所有的颜色信息都将从文件中丢失。

灰度模式的图像中存在256级灰度，灰度模式只有1个亮度滑块可调节，0%代表白色，100%代表黑色。灰度模式经常应用在成本相对低廉的黑白印刷中。灰度模式的"颜色"面板如图5-3所示，可以在其中设置灰度值。

图5-3

5.2 颜色填充

Illustrator 2022用于填充的内容包括"色板"面板中的单色对象、图案对象和渐变对象，以及"颜色"面板中的自定义颜色。另外，"色板库"提供了多种外挂的色谱、渐变对象和图案对象。

5.2.1 填充工具

应用工具箱中的填色和描边工具 ，可以指定所选对象的填色和描边。默认情况下，填充颜色的方框位于前方，单击位于后方的方框，或按X键，可以使后方的方框置于前方，以进行描边颜色的设置。单击"互换填色和描边"按钮 ↰（快捷键为Shift+X），可以互换填色和描边。

填色和描边工具 下方有3个按钮 ◨□☒，它们分别是"颜色"按钮、"渐变"按钮和"无"按钮，用于填充、描边的颜色进行设置。

5.2.2 "颜色"面板

Illustrator可以通过"颜色"面板设置对象的填充和描边的颜色。选择"窗口 > 颜色"命令，弹出"颜色"面板。"颜色"面板左上角的3个按钮的操作方法与工具箱中 按钮相同。

单击"颜色"面板右上方的 ≡ 按钮，在弹出的菜单中可以选择要使用的颜色模式，如图5-4所示。

将鼠标指针移动到面板底部的取色区域，指针变为吸管形状，如图5-5所示，单击就可以选取颜色。拖曳各个颜色滑块或在各个数值框中输入有效的数值，可以调配出更精确的颜色。

更改或设定对象的描边颜色时，选取已有的对象，在"颜色"面板中将描边方框置于前方，选取或调配出新颜色，新颜色就被应用到当前选取对象的描边中，如图5-6所示。

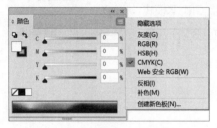
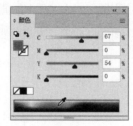

| 图5-4 | 图5-5 | 图5-6 |

5.2.3 "色板"面板

选择"窗口 > 色板"命令，弹出"色板"面板，在其中单击需要的颜色或样本，可以将其选中，如图5-7所示。

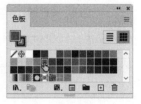

图5-7

"色板"面板提供了多种颜色和图案，并且允许添加并存储自定义的颜色和图案。单击"将选定色板和颜色组添加到我的当前库"按钮 ，可以在应用程序之间共享色板；单击"显示'色板类型'菜单"按钮 ，可以设置面板中显示的色板类型；单击"色板选项"按钮 ，可以打开"色板选项"对话框；单击"新建颜色组"按钮 ，可以新建颜色组；单击"新建色板"按钮 ⊞，可以定义和新建一个新的样本；单击"删除色板"按钮 ，可以将选取的样本从"色板"面板中删除。

绘制一个图形，如图5-8所示。选择"窗口 > 色板"命令，弹出"色板"面板，在其中单击需要的颜色或图案，对图形内部进行填充，效果如图5-9和图5-10所示。

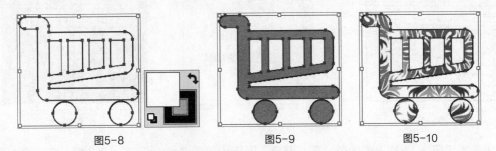

| 图5-8 | 图5-9 | 图5-10 |

Illustrator 2022除了提供"色板"面板中默认显示的样本外，还在"色板库"中提供了多种色板。单击"色板"面板左下角的"'色板'菜单"按钮 **IN.**，或者选择"窗口 > 色板库"命令，其子菜单中包括了不同的样本可供选择使用。

5.3　渐变填充

渐变填充是指用两种或多种不同颜色在同一对象上逐渐过渡填充。建立渐变填充有多种方法，可以使用渐变工具 **▣**，也可以使用"渐变"面板，还可以使用"色板"面板中的渐变样本。

5.3.1　课堂案例——绘制风景插画

案例学习目标 学习使用填充工具和渐变工具绘制风景插画。

案例知识要点 使用渐变工具、"渐变"面板填充背景、山峰和土丘，使用"颜色"面板填充树木图形，使用网格工具添加并填充网格点。风景插画效果如图5-11所示。

效果所在位置 学习资源\Ch05\效果\绘制风景插画.ai。

图5-11

01 按Ctrl+O快捷键，打开学习资源中的"Ch05\素材\绘制风景插画\01"文件，如图5-12所示。选择选择工具 **▶**，选取背景矩形，双击渐变工具 **▣**，弹出"渐变"面板，单击"线性渐变"按钮 **▣**，在色带上设置两个渐变滑块，分别将渐变滑块的位置设为0%、100%，并设置RGB值分别为（255,234,179）、（235,108,40），其他选项的设置如图5-13所示，图形被填充为渐变色，并设置描边色为"无"，效果如图5-14所示。

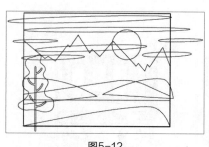

图5-12

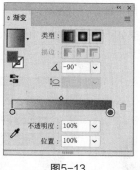

图5-13

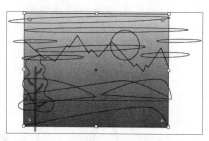

图5-14

02 使用选择工具 ▶ 选取山峰图形，在"渐变"面板中单击"线性渐变"按钮 ■，在色带上设置两个渐变滑块，分别将渐变滑块的位置设为0%、100%，并设置RGB值分别为（235,189,26）、（255,234,179），其他选项的设置如图5-15所示，图形被填充为渐变色，并设置描边色为"无"，效果如图5-16所示。

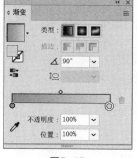

图5-15

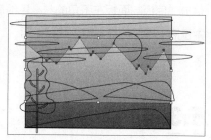

图5-16

03 使用选择工具 ▶ 选取大土丘图形，在"渐变"面板中单击"线性渐变"按钮 ■，在色带上设置两个渐变滑块，分别将渐变滑块的位置设为10%、100%，并设置RGB值分别为（108,216,157）、（50,127,123），其他选项的设置如图5-17所示，图形被填充为渐变色，并设置描边色为"无"，效果如图5-18所示。用相同的方法分别为其他土丘图形填充渐变色，效果如图5-19所示。

图5-17

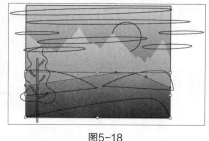

图5-18

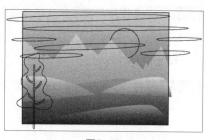

图5-19

04 选择编组选择工具 ▶，选取树叶图形，如图5-20所示，在"渐变"面板中单击"线性渐变"按钮 ■，在色带上设置两个渐变滑块，分别将渐变滑块的位置设为8%、86%，并设置RGB值分别为（11,67,74）、（122,255,191），其他选项的设置如图5-21所示，图形被填充为渐变色，并设置描边色为"无"，效果如图5-22所示。

图5-20

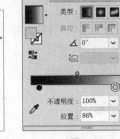
图5-21

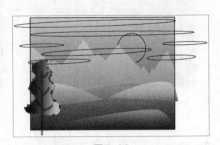
图5-22

05 使用编组选择工具 ▷ 选取树干图形，如图5-23所示，选择"窗口 > 颜色"命令，在弹出的"颜色"面板中进行设置，如图5-24所示，效果如图5-25所示。

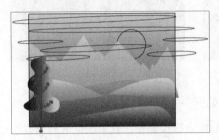
图5-23

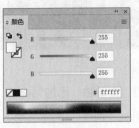
图5-24

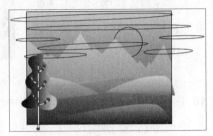
图5-25

06 选择选择工具 ▶，选取树木图形，按住Alt键的同时向右拖曳图形到适当的位置，复制出一个图形，并调整其大小，效果如图5-26所示。按Ctrl+[快捷键，将图形后移一层，效果如图5-27所示。

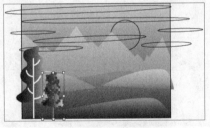
图5-26

图5-27

07 选择编组选择工具 ▷，选取小树干图形，在"渐变"面板中单击"线性渐变"按钮 ■，在色带上设置两个渐变滑块，分别将渐变滑块的位置设为0%、100%，并设置RGB值分别为（85,224,187）、（255,234,179），其他选项的设置如图5-28所示，图形被填充为渐变色，并设置描边色为"无"，效果如图5-29所示。

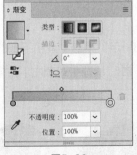
图5-28

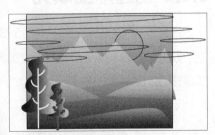
图5-29

08 用相同的方法再复制多个树木图形，并调整其大小和层次，效果如图5-30所示。选择选择工具 ▶，按住Shift键的同时依次选取云彩图形，填充图形为白色，并设置描边色为"无"，效果如图5-31所示。在属性栏中将"不透明度"选项设为20%，效果如图5-32所示。

图5-30

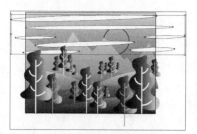
图5-31

图5-32

09 使用选择工具 ▶ 选取太阳图形，填充图形为白色，并设置描边色为"无"，效果如图5-33所示。在属性栏中将"不透明度"选项设为80%，效果如图5-34所示。

图5-33

图5-34

10 选择网格工具 ⊞，在太阳图形中心位置单击，添加网格点，如图5-35所示。设置网格点填充色的RGB值为（255,246,127），效果如图5-36所示。选择选择工具 ▶，在页面空白处单击，取消选取状态，效果如图5-37所示。风景插画绘制完成。

图5-35

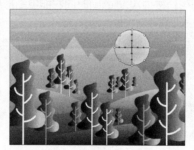
图5-36

图5-37

5.3.2　创建渐变填充

选择绘制好的图形上部，如图5-38所示。单击工具箱下部的"渐变"按钮 ■，对图形进行渐变填充，效果如图5-39所示。选择渐变工具 ■，从选中对象左下方向右上方拖曳鼠标，如图5-40所示，渐变填充的效果如图5-41所示。

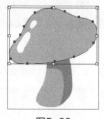
图5-38

图5-39

图5-40

图5-41

选择图5-38所示图
形的上部。在"色板"
面板中单击需要的渐变
样本，对图形进行渐变
填充，效果如图5-42
所示。

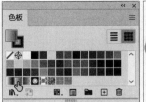

图5-42

5.3.3 "渐变"面板

在"渐变"面板中可以设置渐变参数。双击渐变工具 ，或选择"窗口 > 渐变"命令（快捷键为
Ctrl+F9），弹出"渐变"面板，如图5-43所示。

从"类型"选项组中可以选择"线性渐变"、"径向渐变"或"任意形状渐变"方式，如图5-44
所示。

"角度"数值框中显示当前的渐变角度，重新输入数值后按Enter键，可以改变渐变的角度，如图
5-45所示。

图5-43　　　图5-44

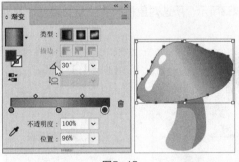

图5-45

单击"渐变"面板中的色带底边滑块，"位
置"数值框中显示该滑块在色带中位置的百分
比，如图5-46所示。左右拖曳该滑块，可以改
变其位置，即改变色带的渐变梯度，如图5-47
所示。

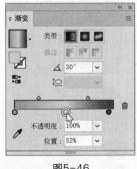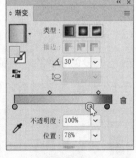

图5-46　　　　　图5-47

在色带底边单击，可以添加一个渐变滑块，如图5-48所示。在"颜色"面板中可以调配颜色，如图
5-49所示，以改变渐变滑块的颜色，如图5-50所示。双击色带上的渐变滑块，弹出下拉颜色面板，可
以快速地设置所需的颜色。将渐变滑块拖离色带，可以直接删除渐变滑块。

图5-48

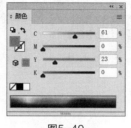
图5-49

图5-50

5.3.4 渐变填充的样式

1. 线性渐变填充

线性渐变填充是一种比较常用的渐变填充方式。通过"渐变"面板，可以精确地指定线性渐变的起始和终止颜色，还可以调整渐变方向。

选择绘制好的图形上部，如图5-51所示。双击渐变工具 ，弹出"渐变"面板，色带上显示的是默认的白色到黑色的线性渐变样式，如图5-52所示。在"类型"选项组中单击"线性渐变"按钮 ，如图5-53所示，所选对象将被线性渐变填充，效果如图5-54所示。

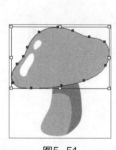
图5-51

图5-52

图5-53

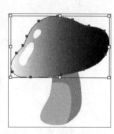
图5-54

单击"渐变"面板中的起始颜色渐变滑块 O，如图5-55所示，然后在"颜色"面板中调配所需的颜色，设置渐变的起始颜色。再单击终止颜色渐变滑块 ●，如图5-56所示，设置渐变的终止颜色，如图5-57所示，填充效果如图5-58所示。

图5-55

图5-56

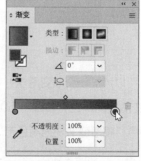
图5-57

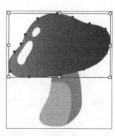
图5-58

拖曳色带上边的渐变滑块，可以改变相邻两个颜色的渐变占比，同时"位置"数值框中的数值发生变化，如图5-59所示。选中色带上边的渐变滑块后，在"位置"数值框中输入数值也可以改变其位置，线性渐变填充效果也随之改变，如图5-60所示。

如果要改变颜色渐变的方向，选择渐变工具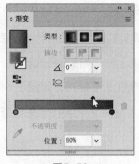后直接在所选对象中拖曳即可。当需要精确地改变渐变方向时，可通过"渐变"面板中的"角度"选项来设置。

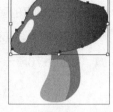

图5-59　　　　　　　　图5-60

2. 径向渐变填充

与线性渐变填充不同，径向渐变填充是从起始颜色开始以圆的形式向外发散，逐渐过渡到终止颜色。它的起始颜色、终止颜色及渐变填充中心点的位置都是可以改变的。

选择绘制好的图形上部，如图5-61所示。双击渐变工具，弹出"渐变"面板，色带上显示的是默认的白色到黑色的线性渐变样式，如图5-62所示。在"类型"选项组中单击"径向渐变"按钮，如图5-63所示，所选对象将被径向渐变填充，效果如图5-64所示。

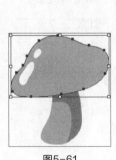   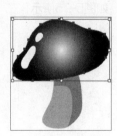

图5-61　　　　　　图5-62　　　　　　　图5-63　　　　　　图5-64

单击"渐变"面板中的起始颜色渐变滑块○或终止颜色渐变滑块●，然后在"颜色"面板中调配颜色，即可改变被选中对象的渐变颜色，效果如图5-65所示。拖曳色带上边的控制滑块，可以改变颜色的渐变比例，效果如图5-66所示。使用渐变工具绘制，可改变径向渐变的中心位置，效果如图5-67所示。

 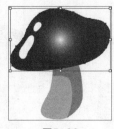 

图5-65　　　　　　图5-66　　　　　　图5-67

3. 任意形状渐变填充

与前两种渐变填充样式不同，任意形状渐变填充的渐变形状可以是任意形状。

选择绘制好的图形上部，如图5-68所示。双击渐变工具 ，弹出"渐变"面板，色带上显示的是默认的白色到黑色的线性渐变样式，如图5-69所示。在"类型"选项组中单击"任意形状渐变"按钮 ，如图5-70所示，所选对象将被任意形状渐变填充，效果如图5-71所示。

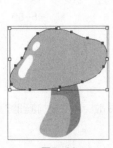

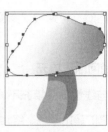

图5-68　　　　　　　　图5-69　　　　　　　　图5-70　　　　　　　　图5-71

在"绘制"选项组中选择"点"单选按钮，可以在所选对象中创建单独点形式的色标，如图5-72所示；选择"线"单选按钮，可以在所选对象中创建段形式的色标，如图5-73所示。

在所选对象中将鼠标指针放置在色标段上，指针变为 形状，如图5-74所示，单击可以添加一个色标，如图5-75所示；在"颜色"面板中调配颜色，即可改变所选对象的渐变颜色，如图5-76所示。

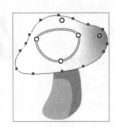
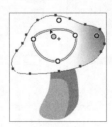

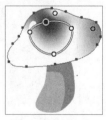

图5-72　　　　　　　图5-73　　　　　　　图5-74　　　　　　　图5-75　　　　　　　图5-76

在所选对象中拖曳色标，可以移动色标位置，如图5-77所示；在"渐变"面板"色标"选项组中单击"删除色标"按钮 ，可以删除选中的色标，如图5-78所示。

在"点"模式下，"扩展"选项被激活，可以设置色标周围的环形区域，色标的扩展幅度取值范围为0%~100%。

图5-77　　　　　　　图5-78

5.4 图案填充

图案填充是绘制图形的重要手段，可以通过重复一个图案填充整个形状或路径。

5.4.1 使用图案填充

选择"窗口 > 色板库 > 图案"命令，可以在弹出的面板中选择自然、装饰等多种图案填充图形，如图5-79所示。

绘制一个图形，如图5-80所示。在工具箱下方单击描边方框，再在"Vonster图案"面板中选择需要的图案，如图5-81所示。图案就应用到了图形的描边上，效果如图5-82所示。

图5-79

图5-80

图5-81

图5-82

在工具箱下方单击填充方框，在"Vonster图案"面板中单击选择需要的图案，如图5-83所示。图案就填充到了图形的内部，效果如图5-84所示。

图5-83

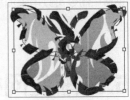

图5-84

5.4.2 创建图案填充

在Illustrator 2022中可以将基本图形定义为图案，作为图案的图形不能包含渐变、渐变网格、图案和位图。

使用星形工具 ☆ 绘制3个星形，同时选取这3个星形，如图5-85所示。选择"对象 > 图案 > 建立"命令，弹出提示框和"图案选项"面板，如图5-86所示，同时页面进入"图案编辑模式"。单击提示框中的"确定"按钮后，在面板中可以设置图案的名称、大小和重叠方式等，设置完成后，单击页面左上方的"完成"按钮，定义的图案就添加到"色板"面板中了，效果如图5-87所示。

图5-85

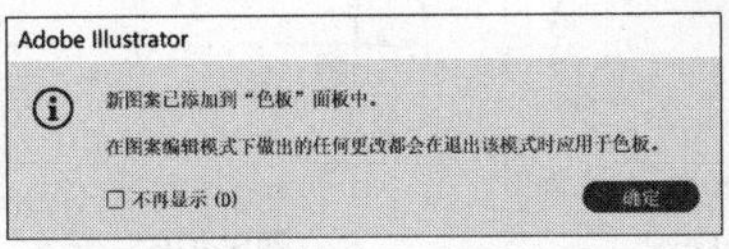

图5-86

图5-87

拖曳"色板"面板中新定义的图案到页面上，如图5-88所示，可以重新编辑图案，效果如图5-89所示。将新编辑的图案拖曳到"色板"面板中，如图5-90所示，"色板"面板中就添加了新定义的图案，如图5-91所示。

选择多边形工具 ，绘制一个多边形，如图5-92所示。在"色板"面板中单击新定义的图案，如图5-93所示，多边形的图案填充效果如图5-94所示。

Illustrator 2022自带一些图案库。选择"窗口 > 图形样式库"子菜单下的各种命令，可以加载不同的样式库；其中"其他库"命令可以用来加载外部样式库。

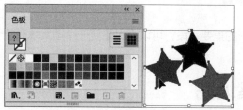

图5-88

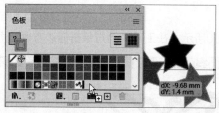

图5-90

图5-89

图5-91

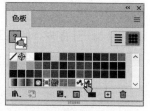

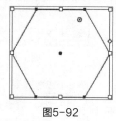

图5-92

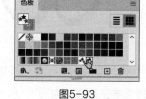

图5-93

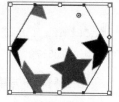

图5-94

5.5 渐变网格填充

应用渐变网格功能可使图形颜色产生细微的变化，也可对图形应用多个方向、多种颜色的渐变填充。

5.5.1 创建渐变网格

应用网格工具可以在图形中形成网格，使图形颜色的变化更加柔和自然。

1. 使用网格工具创建渐变网格

使用椭圆工具 ● 绘制一个椭圆形并保持其选取状态，如图5-95所示。选择网格工具 ，在椭圆形中单击，椭圆形中增加了横竖两条线交叉形成的网格，如图5-96所示，椭圆形被创建为渐变网格对象。继续在椭圆形中单击，可增加新的网格，效果如图5-97所示。

在网格中，横竖两条线交叉形成的点就是网格点，而横竖线就是网格线。单击某一网格点后，可以设置为各种纯色。相邻的不同颜色的网格点之间，会形成颜色渐变。

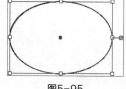

图5-95

图5-96

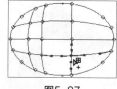

图5-97

2. 使用"创建渐变网格"命令创建渐变网格

使用椭圆工具 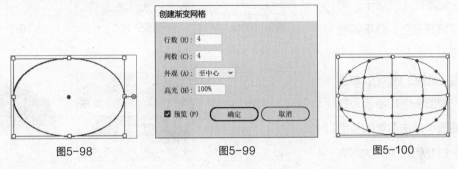 绘制一个椭圆形并保持其选取状态，如图5-98所示。选择"对象 > 创建渐变网格"命令，弹出"创建渐变网格"对话框，如图5-99所示，设置数值后，单击"确定"按钮，可以为图形创建渐变网格，效果如图5-100所示。

图5-98　　　　　　　　　　　图5-99　　　　　　　　　　　图5-100

在"创建渐变网格"对话框中，"行数"数值框中可以输入水平方向网格线的行数；"列数"数值框中可以输入垂直方向网络线的列数；在"外观"下拉列表中可以选择创建渐变网格后图形高光部位的表现方式，有平淡色、至中心、至边缘3种方式可以选择；在"高光"数值框中可以设置高光处的强度，当数值为0%时，图形没有高光点，而是进行均匀的颜色填充。

5.5.2 编辑渐变网格

1. 添加网格点

使用椭圆工具 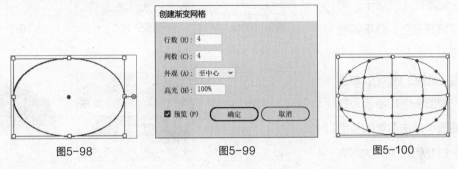，绘制一个椭圆形并保持其选取状态，如图5-101所示。选择网格工具 图 在椭圆形中单击，建立渐变网格对象，如图5-102所示。在椭圆形中的其他位置再次单击，可以添加网格点和网格线，如图5-103所示。在其他位置再次单击，可以继续添加网格点和网格线，如图5-104所示。

2. 删除网格点

使用网格工具 图，按住Alt键的同时将鼠标指针移至网格点，指针变为 图 形状，如图5-105所示，单击网格点即可将其删除，效果如图5-106所示。

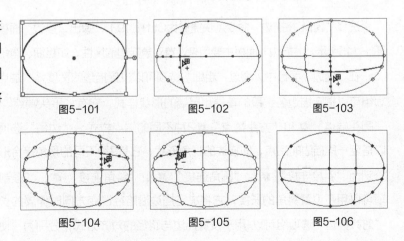

图5-101　　　　　图5-102　　　　　图5-103

图5-104　　　　　图5-105　　　　　图5-106

3. 编辑网格颜色

选择直接选择工具 ▷，单击选中网格点，如图5-107所示，在"色板"面板中单击需要的颜色块，如图5-108所示，可以为网格点填充颜色，效果如图5-109所示。

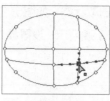
图5-107

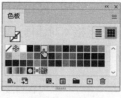
图5-108

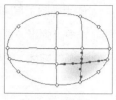
图5-109

使用直接选择工具 ▷，单击选中网格，如图5-110所示，在"色板"面板中单击需要的颜色块，如图5-111所示，可以为网格填充颜色，效果如图5-112所示。

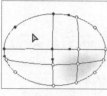
图5-110

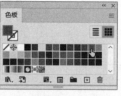
图5-111

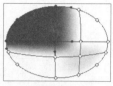
图5-112

使用直接选择工具 ▷，拖曳网格点，可以移动网格点，效果如图5-113所示。拖曳网格点的控制手柄可以调节网格线，效果如图5-114所示。

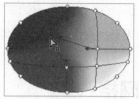
图5-113

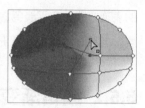
图5-114

5.6 编辑描边

描边其实就是对象的描边线。对于描边，可以更改其形状、粗细，以及设置为虚线描边等。

5.6.1 "描边"面板

选择"窗口 > 描边"命令（快捷键为Ctrl+F10），弹出"描边"面板，如图5-115所示。"描边"面板主要用来设置对象描边的属性，如粗细、边角等。

在"描边"面板中，通过"粗细"选项可以设置描边的宽度；"端点"选项组可以指定描边各线段的首端和尾端的形状样式，它有"平头端点" ▣、"圆头端点" ▣ 和"方头端点" ▣ 3种不同的端点样式；"边角"选项组可以指定一段描边的拐点，即描边的拐角形状，它有3种不同的拐角接合形式，分别为"斜接连接" ▣、"圆角连接" ▣ 和"斜角连接" ▣；"限制"选项可以用于设置斜角的长度，它将决定描边沿路径改变方向时伸展的长度；"对齐描边"选项组可以 用于设置描边与路径的对齐方式，分别为"使描边居中对齐" ▣、"使描边内侧对齐" ▣ 和"使描边外侧对齐" ▣；选中"虚线"复选框可以创建描边的虚线效果。

图5-115

5.6.2 描边的粗细

当需要设置描边的宽度时，要用到"描边"面板中的"粗细"选项，可以在其下拉列表中选择合适的粗细，也可以直接输入合适的数值。

单击工具箱下方的描边方框。使用星形工具 ⭐ 绘制一个星形并保持其选取状态，如图5-116所示。在"描边"面板的"粗细"下拉列表中选择20 pt，如图5-117所示；星形的描边粗细被改变，效果如图5-118所示。

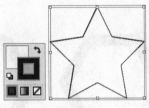
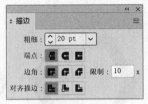

图5-116　　　　　　　　　　图5-117　　　　　　　　　　图5-118

5.6.3 描边的填充

保持星形处于选取状态，如图5-119所示。在"色板"面板中单击选取所需的填充样本，对象描边的填充效果如图5-120所示。

图5-119　　　　　　　　　　　　图5-120

保持星形处于选取状态，如图5-121所示。在"颜色"面板中调配所需的颜色，如图5-122所示，或双击工具箱下方的描边方框，弹出"拾色器"对话框，如图5-123所示，在对话框中也可以调配所需的颜色，对象描边的颜色填充效果如图5-124所示。

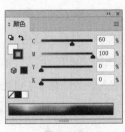
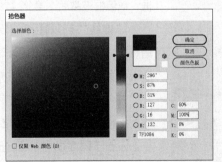

图5-121　　　　　　图5-122　　　　　　　　　图5-123　　　　　　　图5-124

5.6.4 描边的样式

1. "端点"选项组和"边角"选项组

端点是指一段描边的首端和末端，可以通过为描边的首端和末端选择不同的顶点样式来改变描边顶点的形状。使用钢笔工具 ✎ 绘制一段描边，单击"描边"面板中的3个不同端点样式的按钮 ▮ ▮ ▮ ，选取的端点样式会应用到选取对象的描边中，如图5-125所示。

平头端点

圆头端点

方头端点

图5-125

斜接连接

圆角连接

斜角连接

图5-126

边角是指一段描边的拐点，边角样式就是指描边拐角处的形状。绘制多边形的描边，单击"描边"面板中的3个不同边角样式按钮 ▮ ▮ ▮ ，选取的边角样式会应用到选取对象的描边中，如图5-126所示。

2. "限制"选项

"描边"面板中的"限制"选项可以设置描边沿路径改变方向时的伸展长度。可以在其下拉列表中选择所需的数值，也可以在数值框中直接输入合适的数值。分别将"限制"选项设置为2和20时的对象描边效果如图5-127所示。

图5-127

3. "虚线"选项组

图5-128

"描边"面板中的"虚线"选项组里包括6个数值框，选中"虚线"复选框，数值框被激活，第1个数值框默认的虚线值为12 pt，如图5-128所示。

"虚线"选项用来设定每一段虚线段的长度，数值框中输入的数值越大，虚线的长度就越长；反之，输入的数值越小，虚线的长度就越短。设置不同虚线长度值的描边效果如图5-129所示。

"间隙"选项用来设定虚线段之间的距离，输入的数值越大，虚线段之间的距离越大；反之，输入的数值越小，虚线段之间的距离就越小。设置不同虚线间隙值的描边效果如图5-130所示。

图5-129

图5-130

4."箭头"选项组

在"描边"面板的"箭头"选项组中，有两个可供选择的下拉列表框 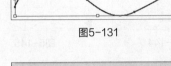，左侧的是"起点的箭头" ，右侧的是"终点的箭头" 。选中要添加箭头的曲线，如图5-131所示。单击"起点的箭头"下拉列表框 ，弹出"起点的箭头"下拉列表，单击需要的箭头样式，如图5-132所示。曲线的起始点会出现选择的箭头，效果如图5-133所示。单击"终点的箭头"下拉列表框 ，弹出"终点的箭头"下拉列表，单击需要的箭头样式，如图5-134所示。曲线的终点会出现选择的箭头，效果如图5-135所示。

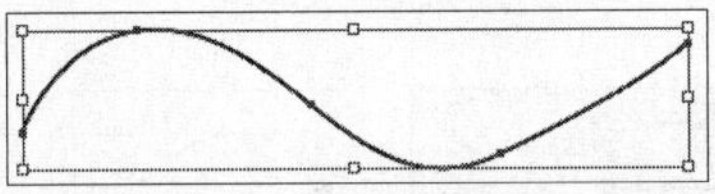

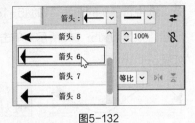

图5-131

图5-132

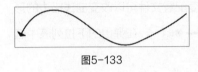

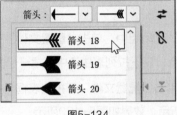

图5-133

图5-134

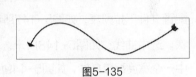

图5-135

"互换箭头起始处和结束处"按钮 用于互换起始箭头和终点箭头。选中曲线，如图5-136所示。在"描边"面板中单击"互换箭头起始处和结束处"按钮 ，如图5-137所示，效果如图5-138所示。

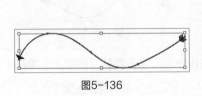

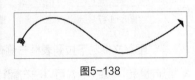

图5-136

图5-137

图5-138

5."缩放"选项组

在"描边"面板的"缩放"选项组中，左侧的是"箭头起始处的缩放因子"数值框 ，右侧的是"箭头结束处的缩放因子"数值框 ，设置需要的数值，可以缩放曲线的起始箭头和结束箭头的大小。选中要缩放箭头的曲线，如图5-139所示。单击"箭头起始处的缩放因子"数值框 ，将"箭头起始处的缩放因子"设置为200%，如图5-140所示，效果如图5-141所示。单击"箭头结束处的缩放因子"数值框 ，将"箭头结束处的缩放因子"设置为200%，效果如图5-142所示。

单击"缩放"数值框右侧的"链接箭头起始处和结束处缩放"按钮 ，可以同时改变起始箭头和结束箭头的大小。

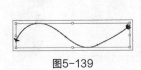

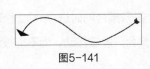

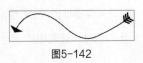

图5-139

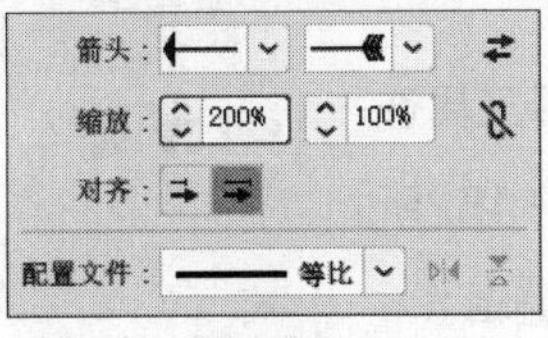

图5-140

图5-141

图5-142

6. "对齐"选项组

在"描边"面板的"对齐"选项组中，左侧的是"将箭头提示扩展到路径终点外"按钮 ➡，右侧的是"将箭头提示放置于路径终点处"按钮 ➡，这两个按钮分别可以设置箭头在终点以外和箭头在终点处。选中带箭头的曲线，如图5-143所示。单击"将箭头提示扩展到路径终点外"按钮 ➡，如图5-144所示，效果如图5-145所示。单击"将箭头提示放置于路径终点处"按钮 ➡，箭头在终点处显示，效果如图5-146所示。

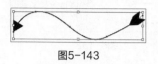

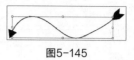
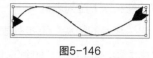

图5-143　　　　　　图5-144　　　　　　图5-145　　　　　　图5-146

7. "配置文件"选项组

在"描边"面板的"配置文件"选项组中，单击"配置文件"下拉列表框 ——— 等比 ，弹出宽度配置文件下拉列表，如图5-147所示。在下拉列表中选中任意一个宽度配置文件可以改变曲线描边的形状。选中曲线，如图5-148所示。单击"配置文件"下拉列表框 ——— 等比 ，在弹出的下拉列表中选中一个宽度配置文件，如图5-149所示，效果如图5-150所示。

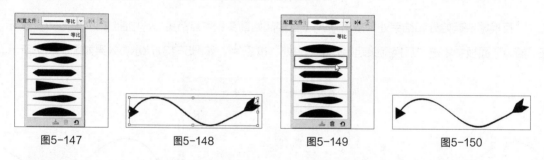

图5-147　　　　　　图5-148　　　　　　图5-149　　　　　　图5-150

"配置文件"下拉列表框右侧有两个按钮，分别是"纵向翻转"按钮 ◀▶ 和"横向翻转"按钮 ✕。单击"纵向翻转"按钮 ◀▶，可以左右翻转宽度配置文件。"横向翻转"按钮 ✕，可以上下翻转宽度配置文件。

5.7 使用符号

Illustrator 2022提供了"符号"面板，专门用来创建、编辑和存储符号。"符号"面板如图5-151所示。

当需要在页面中多次制作同样的对象，并需要对对象进行多次类似的编辑操作时，可以使用符号来完成，这样可以大大提高效率，节省时间。例如，在一个网站设计中多次应用到一个按钮图形，这时就可以将这个按钮图形定义为符号，这样可以对按钮图形进行多次重复使用。利用符号工具组中的相应工具可以对符号实例进行各种编辑操作。

如果在页面中应用了符号集合，那么当使用选择工具选取符号实例时，则把整个符号集合同时选中，如图5-152所示。此时，被选中的符号集合只能被移动，而不能被编辑。

图5-151　　　　　　图5-152

5.7.1 课堂案例——绘制科技航天插画

案例学习目标 学习使用"符号库"命令绘制科技航天插画。

案例知识要点 使用"疯狂科学"命令、"徽标元素"命令添加符号,使用"断开链接"按钮、渐变工具、比例缩放工具、镜像工具编辑符号。科技航天插画效果如图5-153所示。

效果所在位置 学习资源\Ch05\效果\绘制科技航天插画.ai。

图5-153

01 按Ctrl+O快捷键,打开学习资源中的"Ch05\素材\绘制科技航天插画\01"文件,如图5-154所示。

02 选择"窗口 > 符号库 > 疯狂科学"命令,弹出"疯狂科学"面板,选取需要的符号"月球",如图5-155所示,拖曳该符号到页面外,效果如图5-156所示。

图5-154

图5-155

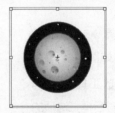

图5-156

03 在属性栏中单击"断开链接"按钮,断开符号链接,效果如图5-157所示。选择选择工具 ▶,按住Shift键的同时依次单击不需要的图形,如图5-158所示,按Delete键将其删除,效果如图5-159所示。

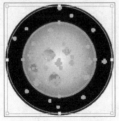

图5-157

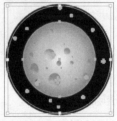

图5-158

图5-159

04 选取需要的渐变图形,如图5-160所示。选择"选择 > 相同 > 填充颜色"命令,相同填充颜色的图形被选中,如图5-161所示。

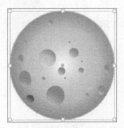

图5-160

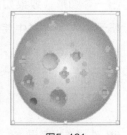

图5-161

05 双击渐变工具 ▣,弹出"渐变"面板,将色带底边的4个渐变滑块的位置分别设为0%、37%、69%、100%,如图5-162所示,并设置RGB值分别为(255,255,255)、(248,176,204)、

（230,144,187）、（230,91,197），其他选项的设置如图5-163所示，图形被填充为渐变色，效果如图5-164所示。

图5-162　　　　　图5-163　　　　　图5-164

06 选择选择工具 ▶，选取左下角需要的渐变图形，如图5-165所示。选择吸管工具 ✐，将鼠标指针放在粉色渐变图形上，如图5-166所示，单击吸取粉色渐变图形的属性，效果如图5-167所示。

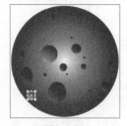
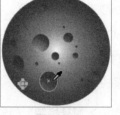

图5-165　　　　　图5-166　　　　　图5-167

07 选择选择工具 ▶，选取需要的渐变图形，如图5-168所示，双击比例缩放工具 🔲，弹出"比例缩放"对话框，选项的设置如图5-169所示；单击"复制"按钮，复制并缩放图形，效果如图5-170所示。

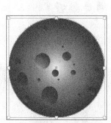
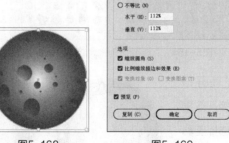

图5-168　　　　　图5-169　　　　　图5-170

08 在属性栏中将"不透明度"选项设为20%，效果如图5-171所示。按Ctrl+D快捷键再复制出一个图形，效果如图5-172所示。在属性栏中将"不透明度"选项设为10%，效果如图5-173所示。

图5-171　　　　　图5-172　　　　　图5-173

09 选择选择工具 ▶，用框选的方法将绘制的图形同时选取，按Ctrl+G快捷键编组图形，如图5-174所示。双击镜像工具 🔳，弹出"镜像"对话框，选项的设置如图5-175所示；单击"复制"按钮，复制并镜像图形，效果如图5-176所示。

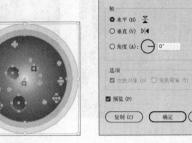

图5-174　　　　　　　　图5-175　　　　　　　　图5-176

10 选择选择工具 ▶，拖曳编组图形到页面中适当的位置，并调整其大小，效果如图5-177所示。选择矩形工具 ▭，绘制一个与页面大小相同的矩形，如图5-178所示。

图5-177　　　　　　　　图5-178

11 选择选择工具 ▶，按住Shift键的同时单击下方图形将其同时选取，如图5-179所示，按Ctrl+7快捷键建立剪切蒙版，效果如图5-180所示。用相同的方法制作其他颜色的星球，效果如图5-181所示。

图5-179　　　　　　　　图5-180　　　　　　　　图5-181

12 选择"窗口 > 符号库 > 徽标元素"命令，弹出"徽标元素"面板，选取需要的符号"火箭"，如图5-182所示，两次拖曳符号到页面中适当的位置，并调整其大小，效果如图5-183所示。

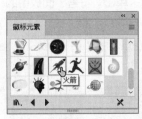

图5-182　　　　　　　　图5-183

13 按Ctrl+O快捷键，打开学习资源中的"Ch05\素材\绘制科技航天插画\02"文件。选择选择工具 ▶，选取需要的图形，按Ctrl+C快捷键复制图形。选择当前文档，按Ctrl+V快捷键将复制的图形粘贴到页面中，并拖曳到适当的位置，效果如图5-184所示。科技航天插画绘制完成，效果如图5-185所示。

图5-184 图5-185

5.7.2 "符号"面板

"符号"面板具有创建、编辑和存储符号的功能。单击面板右上方的≡按钮，弹出下拉菜单，如图5-186所示。

"符号"面板底部有以下6个按钮。

"符号库菜单"按钮 ：单击该按钮可以弹出下拉菜单，包括了多种符号库，可以选择调用。

"置入符号实例"按钮 ：单击该按钮可以用当前选中的符号在页面中心生成一个符号实例。

"断开符号链接"按钮 ：单击该按钮可以将添加到页面中的

图5-186

符号实例与"符号"面板中的符号断开链接。

"符号选项"按钮 ：单击该按钮可以打开"符号选项"对话框，进行相关设置。

"新建符号"按钮 ：单击该按钮可以将选中的要定义为符号的对象添加到"符号"面板中作为符号。

"删除符号"按钮 ：单击该按钮可以删除"符号"面板中被选中的符号。

5.7.3 创建和应用符号

1. 创建符号

在页面中选中要定义为符号的对象后，单击"符号"面板中的"新建符号"按钮 ，或者将选中的对象直接拖曳到"符号"面板中，弹出"符号选项"对话框，单击"确定"按钮，可以创建符号，操作方法如图5-187所示。

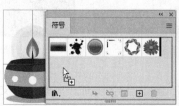 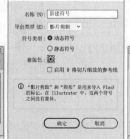 

图5-187

2. 应用符号

在"符号"面板中选中需要的符号，直接将其拖曳到当前页面中，可以得到一个符号实例，如图5-188所示。

选择符号喷枪工具  可以在页面中同时创建多个符号实例，并且可以将它们作为一个符号集合。

图5-188

5.7.4　使用符号工具

Illustrator 2022工具箱的符号工具组中提供了8个符号工具，展开的符号工具组如图5-189所示。

符号喷枪工具：创建符号集合，可以将"符号"面板中的符号对象应用到页面中。

符号移位器工具：移动符号实例。

符号紧缩器工具：对符号实例进行缩紧变形。

符号缩放器工具：对符号实例进行放大操作。按住Alt键可以对符号实例进行缩小操作。

符号旋转器工具：对符号实例进行旋转操作。

符号着色器工具：使用当前颜色为符号实例填色。

符号滤色器工具：增大符号实例的透明度。按住Alt键可以减小符号实例的透明度。

符号样式器工具：将当前图形样式应用到符号实例中。

双击任意一个符号工具，将弹出"符号工具选项"对话框，如图5-190所示，可以设置符号工具的属性。

"直径"选项：设置笔刷直径的数值。这时的笔刷指的是选取符号工具后，在页面中的圆形鼠标指针的直径。

"强度"选项：设置拖曳鼠标时符号实例的生成或变化速度。数值越大，速度越高。

图5-189

图5-190

"符号组密度"选项：设置符号集合中包含符号实例的密度。数值越大，符号集合所包含的符号实例的数目就越多。

"显示画笔大小和强度"复选框：选中该复选框，在使用符号工具时可以看到笔刷；不选中该复选框，则隐藏笔刷。

使用符号工具应用符号的具体操作如下。

选择符号喷枪工具 ，在页面中鼠标指针将变成一个中间有喷壶的圆形，如图5-191所示。在"符号"面板中选取一种需要的符号，如图5-192所示。

在页面上拖曳鼠标，符号喷枪工具将沿着拖曳的轨迹喷射出多个符号实例，它们将组成一个符号集合，如图5-193所示。

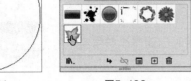

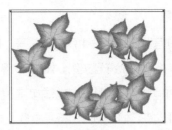

图5-191　　　　　　　　　　图5-192　　　　　　　　　图5-193

选中符号集合，选择符号移位器工具 ，在要移动的符号实例上拖曳鼠标，在鼠标指针之中的符号实例将随其移动，如图5-194所示。

选中符号集合，选择符号紧缩器工具 ，在要紧缩的符号实例上拖曳鼠标，符号实例将被紧缩，如图5-195所示。

选中符号集合，选择符号缩放器工具 ，在要调整的符号实例上拖曳鼠标，在鼠标指针之中的符号实例将变大，如图5-196所示。按住Alt键拖曳鼠标，则可缩小符号实例。

图5-194　　　　　　　　　图5-195　　　　　　　　　图5-196

选中符号集合，选择符号旋转器工具 ，在要旋转的符号实例上拖曳鼠标，在鼠标指针之中的符号实例将发生旋转，如图5-197所示。

在"色板"面板或"颜色"面板中设定一种颜色作为当前色，选中符号集合，选择符号着色器工具 ，在要填充颜色的符号实例上拖曳鼠标，在鼠标指针之中的符号实例将被填充上当前色，如图5-198所示。

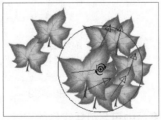

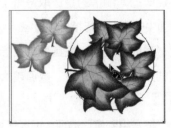

图5-197　　　　　　　　　图5-198

选中符号集合，选择符号滤色器工具 ，在要改变透明度的符号实例上拖曳鼠标，在鼠标指针之中的符号实例的透明度将被增大，如图5-199所示。按住Alt键拖曳鼠标，可以减小符号实例的透明度。

选中符号集合，选择符号样式器工具 ，在"图形样式"面板中选中一种样式，在要改变样式的符号实例上拖曳鼠标，在鼠标指针之中的符号实例将被改变样式，如图5-200所示。

选中符号集合，选择符号喷枪工具 ，按住Alt键在要删除的符号实例上拖曳鼠标，鼠标指针经过的区域中的符号实例将被删除，如图5-201所示。

图5-199

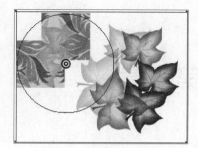

图5-200

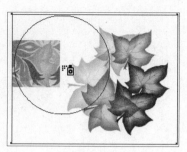

图5-201

课堂练习——制作农副产品西红柿海报

练习知识要点 使用矩形工具、"色板库"命令、"渐变"面板、"色板"面板绘制海报背景，使用椭圆工具、"创建渐变网格"命令、"色板"面板、"封套扭曲"命令、星形工具绘制西红柿，使用"高斯模糊"命令为图形添加模糊效果。效果如图5-202所示。

素材所在位置 学习资源\Ch05\素材\制作农副产品西红柿海报\01。

效果所在位置 学习资源\Ch05\效果\制作农副产品西红柿海报.ai。

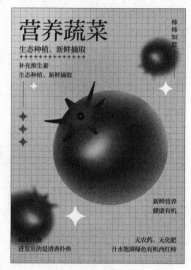

图5-202

课后习题——制作化妆品Banner

习题知识要点 使用矩形工具、直接选择工具和填充工具绘制背景，使用"投影"命令为小矩形边框添加投影效果，使用钢笔工具、渐变工具、"创建渐变网格"命令、矩形工具和圆角矩形工具绘制香水瓶。效果如图5-203所示。

素材所在位置 学习资源\Ch05\素材\制作化妆品Banner\01。

效果所在位置 学习资源\Ch05\效果\制作化妆品Banner.ai。

图5-203

第 6 章

文本的创建与编辑

本章介绍

本章将介绍Illustrator 2022中提供的强大的文本编辑和图文混排功能。文本对象可以和一般图形对象一样进行各种变换和编辑，同时可以通过应用各种外观和样式属性制作出绚丽多彩的文本效果。

学习目标

● 掌握不同的文本输入方法。

● 掌握编辑文本的技巧。

● 熟练掌握字符格式的设置方法。

● 熟练掌握段落格式的设置方法。

● 了解分栏和链接文本的技巧。

● 掌握图文混排的方法。

技能目标

● 掌握"电商广告"的制作方法。

6.1 创建文本

当准备创建文本时，按住文字工具 T 不放，将展开文字工具组，单击工具组右侧的按钮 ，可使工具组从工具箱中分离出来，如图6-1所示。

文字工具组中共有7种文字工具，依次为文字工具 T 、区域文字工具 、路径文字工具 、直排文字工具 、直排区域文字工具 、直排路径文字工具 、修饰文字工具 。其中，前6种工具可以输入各种类型的文字，以满足不同的文字处理需求；第7种工具可以对文字进行修饰操作。

文字可以直接输入，也可以通过选择"文件 > 置入"命令从外部置入。单击各个文字工具，将鼠标指针移动到页面后，形状不同，如图6-2所示。

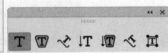

图6-1

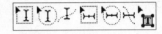

图6-2

6.1.1 课堂案例——制作电商广告

案例学习目标 学习使用文字工具和修饰文字工具制作电商广告。

案例知识要点 使用矩形工具和椭圆工具绘制装饰图形，使用文字工具输入文字，使用修饰文字工具调整文字基线偏移。电商广告效果如图6-3所示。

效果所在位置 学习资源\Ch06\效果\制作电商广告.ai。

图6-3

01 按Ctrl+N快捷键，弹出"新建文档"对话框，设置文档的宽度为1920 px，高度为850 px，取向为横向，颜色模式为"RGB颜色"，光栅效果为"屏幕（72 ppi）"，单击"创建"按钮，新建一个文档。

02 选择矩形工具 ，绘制一个与页面大小相同的矩形，设置填充色为黄色（RGB值为255、195、81），描边色为"无"，效果如图6-4所示。使用矩形工具 ，在右侧绘制一个矩形，设置填充色为蓝色（RGB值为74、181、255），描边色为"无"，效果如图6-5所示。

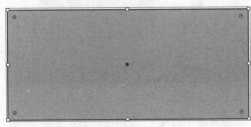

图6-4

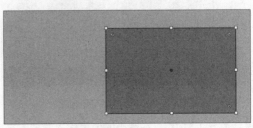

图6-5

03 在属性栏中将"不透明度"选项设为70%，效果如图6-6所示。使用矩形工具 ，在左侧绘制一个矩形，如图6-7所示。

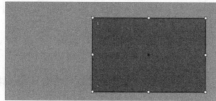

图6-6   图6-7

04 选择"窗口 > 变换"命令，弹出"变换"面板，"矩形属性"选项组的设置如图6-8所示，效果如图6-9所示。

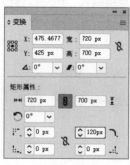
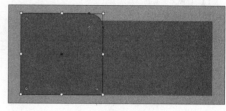

图6-8   图6-9

05 选择"文件 > 置入"命令，弹出"置入"对话框，选择学习资源中的"Ch06\素材\制作电商广告\01"文件，单击"置入"按钮，在页面中单击置入图片，单击属性栏中的"嵌入"按钮，嵌入图片。选择选择工具 ，拖曳图片到适当的位置，并调整其大小，效果如图6-10所示。按Ctrl+ [快捷键，将图片后移一层，效果如图6-11所示。

图6-10   图6-11

06 按住Shift键的同时单击上方蓝色圆角矩形将其同时选取，如图6-12所示，按Ctrl+7快捷键建立剪切蒙版，效果如图6-13所示。

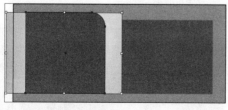

图6-12   图6-13

07 选择文字工具 ，在适当的位置输入需要的文字。选择选择工具 ，在属性栏中选择合适的字体并设置文字大小，填充文字为白色，效果如图6-14所示。

08 按Ctrl+T快捷键，弹出"字符"面板，将"设置所选字符的字距调整"选项 $\underline{VA}$ 设为200，其他选项的设置如图6-15所示，效果如图6-16所示。

图6-14　　　　　　　　　　图6-15　　　　　　　　　　图6-16

09 选择修饰文字工具 ⅢI ，单击选取需要编辑的文字"装"，如图6-17所示，垂直向下拖曳左下角的控制点到适当的位置，如图6-18所示，释放鼠标左键，调整好了文字的基线偏移，效果如图6-19所示。

10 用相同的方法调整文字"先"，效果如图6-20所示。选择椭圆工具 ◯ ，按住Shift键的同时在适当的位置绘制一个圆形，设置填充色为姜黄色（RGB值为255、195、81），描边色为"无"，效果如图6-21所示。按Ctrl+[快捷键，将圆形移至文字后方，效果如图6-22所示。

图6-17　　　　　　　　　　图6-18

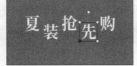

图6-19　　　　　　图6-20　　　　　　图6-21　　　　　　图6-22

11 选择文字工具 T ，在适当的位置分别输入需要的文字。选择选择工具 ▶ ，选中不同的文字，在属性栏中分别选择合适的字体并设置文字大小，填充文字为白色，效果如图6-23所示。

12 选取第1行文字，在"字符"面板中，将"设置所选字符的字距调整"选项 $\underline{VA}$ 设为100，其他选项的设置如图6-24所示，效果如图6-25所示。

图6-23　　　　　　　　　　图6-24　　　　　　　　　　图6-25

13 选取第2行文字，设置填充色为黑蓝色（RGB值为43、77、161），效果如图6-26所示。选择选择工具 ▶ ，按住Shift键的同时单击下方白色文字将其同时选取，在"字符"面板中，将"设置所选字符的字距调整"选项 $\underline{VA}$ 设为200，其他选项的设置如图6-27所示，效果如图6-28所示。

图6-26

图6-27

图6-28

14 选取末行文字。在"字符"面板中，将"设置所选字符的字距调整"选项 设为260，其他选项的设置如图6-29所示，效果如图6-30所示。

图6-29

图6-30

15 选择矩形工具 ，在适当的位置绘制一个矩形，设置填充色为黑蓝色（RGB值为43、77、161），描边色为"无"，效果如图6-31所示。连续按Ctrl+[快捷键，将矩形移至文字后方，效果如图6-32所示。

图6-31

图6-32

16 使用矩形工具 在下方适当的位置再绘制一个矩形，按Shift+X快捷键互换填色和描边，效果如图6-33所示。在属性栏中将"描边粗细"选项设为3 pt，效果如图6-34所示。

图6-33

图6-34

17 按Ctrl+O快捷键，打开学习资源中的"Ch06\素材\制作电商广告\02"文件，选择选择工具 ，选取需要的图形，按Ctrl+C快捷键复制图形。选择当前文档，按Ctrl+V快捷键将复制的图形粘贴到页面中，并拖曳到适当的位置，效果如图6-35所示。电商广告制作完成，效果如图6-36所示。

图6-35

图6-36

6.1.2　文字工具

使用文字工具 T 和直排文字工具 IT 可以直接输入沿水平方向和直排方向排列的文字。

1. 输入点文本

选择文字工具 T 或直排文字工具 IT，在页面中单击，出现一个带有选中文本的文本区域，如图6-37所示。输入文本，在空白处单击或按Esc键，可以完成输入，如图6-38所示。

> **提示**　当输入文本需要换行时，按Enter键开始新的一行。

图6-37

图6-38

结束文本的输入后，单击选择工具 ▶ 即可选中所输入的文字，这时文字周围将出现一个文本框，文本上的细线是文字基线的位置，效果如图6-39所示。

2. 输入文本块

使用文字工具 T 或直排文字工具 IT 可以绘制文本框，在文本框中可以输入文字。

选择文字工具 T 或直排文字工具 IT，在页面中需要输入文字的位置拖曳鼠标，如图6-40所示。当绘制的文本框大小符合需要时，释放鼠标左键，页面上会出现一个蓝色边框且带有选中文本的矩形文本框，如图6-41所示。

可以在矩形文本框中输入文字，输入的文字将在指定的区域内排列，如图6-42所示。当输入的文字到矩形文本框的边界时，文字将自动换行，文本块的效果如图6-43所示。

图6-39

图6-40　　图6-41　　图6-42　　图6-43

3. 转换点文本和文本块

在Illustrator 2022中，文本框的右侧有转换点，空心状态的转换点 ⊷○ 表示当前文本为点文本，实心状态的转换点 ⊷● 表示当前文本为文本块，双击转换点可在点文本和文本块间进行转换。

选择选择工具 ▶，选中输入的文本块，如图6-44所示。将鼠标指针置于文本框右侧的转换点上，如图6-45所示，双击即可将文本块转换为点文本，如图6-46所示；再次双击，可将点文本转换为文本块，如图6-47所示。

图6-44

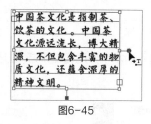
图6-45

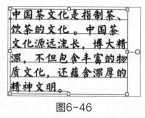
图6-46

图6-47

6.1.3 区域文字工具

在Illustrator 2022中，还可以创建任意形状的文本对象。

绘制一个具有填充颜色的图形对象，如图6-48所示。选择文字工具 **T** 或区域文字工具 ，鼠标指针移动到图形对象的边框上时将变成 形状，如图6-49所示，单击，图形对象的填充和描边属性被取消，图形对象转换为一个带有选中文本的文本框，如图6-50所示。

在文本框内输入文字，输入的文本会按水平方向排列。如果输入的文字超出了文本路径所能

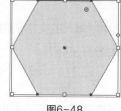
图6-48

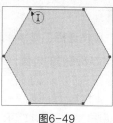
图6-49

图6-50

容纳的范围，将出现文本溢出的现象，这时文本框的右下角会出现一个红色带加号的小正方形 ，效果如图6-51所示。

使用选择工具 选中文本框，拖曳周围的控制点来调整文本框的大小，可以显示所有的文字，效果如图6-52所示。

使用直排文字工具 **IT** 或直排区域文字工具 的方法与文字工具 **T** 是一样的，但直排文字工具 **IT** 或直排区域文字工具 在文本框中创建的是竖排文字，如图6-53所示。

图6-51

图6-52

图6-53

6.1.4 路径文字工具

使用路径文字工具 和直排路径文字工具 创建文本时，可以让文本沿着一个开放或闭合路径的边缘进行水平或垂直方向的排列，路径可以是规则或不规则的。如果使用这两种工具，原来的路径将不再具有填充和描边属性。

1. 创建路径文本

（1）沿路径创建水平方向文本

使用钢笔工具 ✎，在页面上绘制一个任意形状的开放路径，如图6-54所示。使用路径文字工具 ⬦，在绘制好的路径上单击，路径将转换为文本路径，且带有选中文本，如图6-55所示。

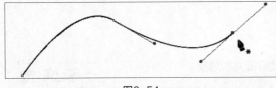

图6-54

图6-55

输入需要的文字，文字将会沿着路径排列，文字的基线与路径是重合的，效果如图6-56所示。

（2）沿路径创建垂直方向文本

使用钢笔工具 ✎，在页面上绘制一个任意形状的开放路径。使用直排路径文字工具 ⬦，在绘制好的路径上单击，路径将转换为文本路径，且带有选中文本，如图6-57所示。

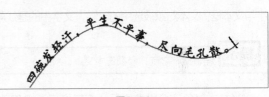

图6-56

输入需要的文字，文字将会沿着路径排列，文字的基线与路径是重合的，效果如图6-58所示。

图6-57

图6-58

2. 编辑路径文本

如果对创建的路径文本不满意，可以对其进行编辑。

选择选择工具 ▶ 或直接选择工具 ▷，选取要编辑的路径文本。这时文本首尾会出现图层颜色的 ↓ 和 ↓ 形符号，中段会出现一个图层颜色的 │ 形符号，如图6-59所示。

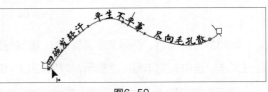

图6-59

沿路径方向拖曳文本开始处的 ↓ 形符号或中段的 │ 形符号，可以沿相应方向移动文本，效果如图6-60所示。向路径的另一侧拖曳文本中段的 │ 形符号，可以沿路径翻转文本，效果如图6-61所示。

图6-60

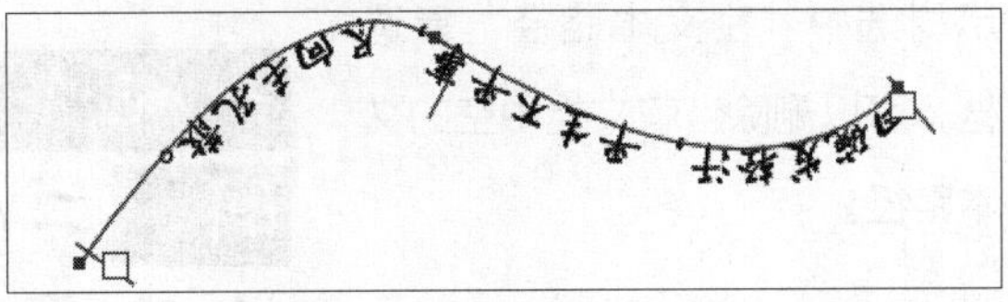

图6-61

6.2 编辑文本

在Illustrator 2022中,可以使用选择工具和菜单命令对文本对象进行编辑,也可以使用修饰文字工具对文本框中的单个文字进行编辑。

6.2.1 编辑文本对象

通过选择工具和菜单命令可以改变文本框的形状以编辑文本对象。

使用选择工具▶单击文本,可以选中文本对象。完全选中的文本对象包括内部文字与文本框。文本对象被选中的时候,文字中的基线就会显示出来,如图6-62所示。

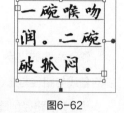

图6-62

> **提示** 编辑文本之前,必须选中文本。

当文本对象完全被选中后,将其拖曳可以移动其位置。选中文本对象,选择"对象 > 变换 > 移动"命令,弹出"移动"对话框,可以通过设置数值来精确移动文本对象。

选择选择工具▶,单击文本框上的控制点并拖曳,可以改变文本框的大小,如图6-63所示,释放鼠标左键,效果如图6-64所示。

使用比例缩放工具◳可以对选中的文本对象进行缩放,如图6-65所示。选中文本对象,选择"对象 > 变换 > 缩放"命令,弹出"比例缩放"对话框,可以通过设置数值精确缩放文本对象,效果如图6-66所示。

图6-63

图6-64

图6-65

图6-66

编辑部分文字时,选择文字工具T,将鼠标指针移动到文本上,单击插入光标,拖曳鼠标即可选中部分文本。选中的文本将反色显示,效果如图6-67所示。

使用选择工具▶在文本区域内双击,进入文本编辑状态。在文本编辑状态下,双击一句话即可选中这句话;按Ctrl+A快捷键,可以选中全部文字,如图6-68所示。

选择"对象 > 路径 > 清理"命令,弹出"清理"对话框,如图6-69所示,选中"空文本路径"复选框,可以删除当前文档中空的文本路径。

图6-67

图6-68

图6-69

提示 在别处复制文本，再在Illustrator 2022中选择"编辑 > 粘贴"命令，可以将复制的文本粘贴到页面上形成点文本。

6.2.2 编辑单个文字

利用修饰文字工具 🔲，可以对文本框中的单个文字进行属性设置和编辑操作。

选择修饰文字工具 🔲，单击选取需要编辑的一个文字，如图6-70所示，在属性栏中设置适当的字体和文字大小，效果如图6-71所示。再次单击选取需要的另一个文字，如图6-72所示，拖曳右下角的控制点调整文字的水平比例，如图6-73所示，释放鼠标左键，效果如图6-74所示。拖曳左上角的控制点可以调整文字的垂直比例，拖曳右上角的控制点可以等比例缩放文字。

    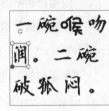

图6-70　　　　　　图6-71　　　　　　图6-72　　　　　　图6-73　　　　　　图6-74

再次单击选取需要的另一个文字，如图6-75所示。拖曳左下角的控制点，可以调整文字的基线偏移，如图6-76所示，释放鼠标左键，效果如图6-77所示。将鼠标指针置于正上方的空心控制点处，鼠标指针变为旋转形状，拖曳鼠标，如图6-78所示，可以旋转文字，效果如图6-79所示。

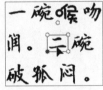  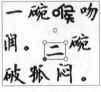  

图6-75　　　　　　图6-76　　　　　　图6-77　　　　　　图6-78　　　　　　图6-79

6.2.3 创建文本轮廓

选中文本，选择"文字 > 创建轮廓"命令（快捷键为Shift+Ctrl+O），创建文本轮廓，如图6-80所示。文本转换为轮廓后，可以进行渐变填充，效果如图6-81所示，还可以应用滤镜，效果如图6-82所示。

图6-80　　　　　　图6-81　　　　　　图6-82

提示 文本转换为轮廓后，会全部转换为路径，将不再具有文本的属性，这就需要在文本转换成轮廓之前先按需要调整文本的字体大小等。不能在文本框内转换单个文字。

6.3 设置字符格式

在Illustrator 2022中，可以设定字符的格式。这些格式包括文字的字体、字号、颜色和字符间距等。

选择"窗口 > 文字 > 字符"命令（快捷键为Ctrl+T），弹出"字符"面板，如图6-83所示。

"设置字体系列"选项：单击下拉按钮 ，可以从弹出的下拉列表中选择一种需要的字体。

"设置字体大小"选项 ：用于控制文本的大小，单击上、下微调按钮 ，可以逐级调整字号大小的数值。

"设置行距"选项 ：用于控制文本中行与行之间的距离。

"垂直缩放"选项 ：可以使文字尺寸横向保持不变，纵向被缩放，缩放比例小于100%表示文字被压扁，大于100%表示文字被拉长。

图6-83

"水平缩放"选项 ：可以使文字的纵向大小保持不变，横向被缩放，缩放比例小于100%表示文字被压扁，大于100%表示文字被拉伸。

"设置两个字符间的字距微调"选项 ：用于细微地调整两个字符之间的水平间距。为正值时字距变大，为负值时字距变小。

"设置所选字符的字距调整"选项 ：用于调整字符与字符之间的距离。

"设置基线偏移"选项 ：用于调节文字的上下位置。可以通过此项设置为文字制作上标或下标。为正值时表示文字上移，为负值时表示文字下移。

"字符旋转"选项 ：用于设置字符的旋转角度。

6.3.1 字体和字号

在"字符"面板中，在"设置字体系列"下拉列表中选择一种字体即可将该字体应用到选中的文字中，各种字体的效果如图6-84所示。

很多种字体会有不同的字形，如常规、加粗和斜体等，字体的具体选项因字而定。

图6-84

> **提示** 默认字体单位为pt，72 pt相当于1英寸。默认状态下字号为12 pt，可调整的范围为0.1~1296 pt。

选中部分文本，如图6-85所示。选择"窗口 > 文字 > 字符"命令，弹出"字符"面板，从"设置字体系列"下拉列表中选择一种字体，如图6-86所示；或选择"文字 > 字体"命令，在列出的字体中进行选择，更改文本字体后的效果如图6-87所示。

| 图6-85 | 图6-86 | 图6-87 |

保持选中文本，单击"设置字体大小"下拉按钮，在弹出的下拉列表中可以选择适合的字体大小；也可以通过上、下微调按钮来调整字号大小。文本字号分别为14 pt和16 pt时的效果如图6-88和图6-89所示。

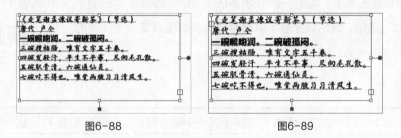

| 图6-88 | 图6-89 |

6.3.2 行距

行距是指文本中行与行之间的距离。如果没有自定义行距值，系统将使用自动行距。在"字符"面板中的"设置行距"选项数值框中输入所需要的数值，可以调整行与行之间的距离。

选中文本对象，如图6-90所示。将"设置行距"数值设为22 pt，行距效果如图6-91所示。

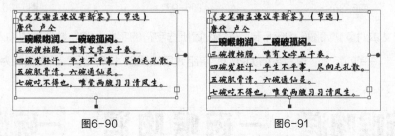

| 图6-90 | 图6-91 |

6.3.3 水平或垂直缩放

当改变文本的字号时，它的高度和宽度将同时发生改变，而利用"垂直缩放"选项 ↕T 或"水平缩放"选项 T 则可以单独改变文本的高度或宽度。

选中文本，如图6-92所示，文本为默认状态下的效果。在"垂直缩放"选项 ↕T 数值框内设置数值为175%，文字的垂直缩放效果如图6-93所示。

在"水平缩放"选项 T 数值框内设置数值为175%，文字的水平缩放效果如图6-94所示。

图6-92　　　　　　　　图6-93　　　　　　　　图6-94

6.3.4 字距

当需要调整文字或字符之间的距离时，可使用"字符"面板中的两个选项，即"设置两个字符间的字距微调"选项 VA 和"设置所选字符的字距调整"选项 VA。其中，前者用来控制两个文字或字符之间的距离，后者用来控制两个或更多个被选择的文字或字符之间的距离。

选中要设置字距的文字，如图6-95所示。在"字符"面板的"设置两个字符间的字距微调"下拉列表中选择"自动"选项，这时程序就会以最合适的参数值设置选中文字的距离。

图6-95

> **提示** 在"设置两个字符间的字距微调"选项的数值框中键入0时，将关闭自动调整字距的功能。

将光标插入到需要调整间距的两个文字或字符之间，如图6-96所示。在"设置两个字符间的字距微调"数值框中设置所需要的数值，就可以调整两个文字或字符之间的距离。设置数值为300，字距效果如图6-97所示；设置数值为-300，字距效果如图6-98所示。

图6-96 　　　　　　　　图6-97 　　　　　　　　图6-98

选中整个文本对象，如图6-99所示，在"设置所选字符的字距调整"数值框中输入所需要的数值，可以调整文本字符间的距离。设置数值为200，字距效果如图6-100所示；设置数值为-200，字距效果如图6-101所示。

图6-99 　　　　　　　　图6-100 　　　　　　　　图6-101

6.3.5 基线偏移

基线偏移就是改变文字与基线的距离，从而提高或降低被选中文字相对于其他文字的排列位置，达到突出显示的目的。使用"基线偏移"选项可以创建上标或下标，或在不改变文本方向的情况下，更改路径文本在路径上的排列位置。

如果"设置基线偏移"选项在"字符"面板中是隐藏的，可以从"字符"面板菜单中选择"显示选项"命令，如图6-102所示，显示出"基线偏移"选项，如图6-103所示。

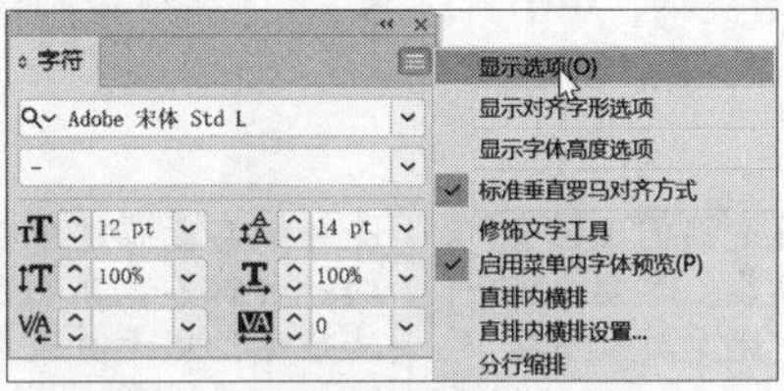

图6-102

图6-103

"设置基线偏移"选项可以改变文本在路径上的位置。文本在路径的外侧时选中文本，如图6-104所示。在"设置基线偏移"数值框中设置数值为-30，文本移动到路径的内侧，效果如图6-105所示。

图6-104 　　　　　图6-105

通过"设置基线偏移"选项，还可以制作出有上标和下标显示的数学等式。输入需要的数值，如图6-106所示，将表示平方的字符"2"选中并使用较小的字号，如图6-107所示。再在"设置基线偏移"数值框中设置数值为28，平方的字符制作完成，如图6-108所示。使用相同的方法制作另一个上标字符，效果如图6-109所示。

$$2\,2+5\,2=2\,9$$
图6-106

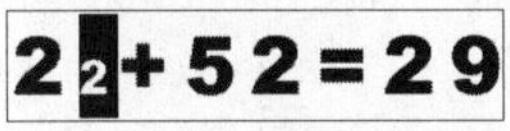

$$2\,2+5\,2=2\,9$$
图6-107

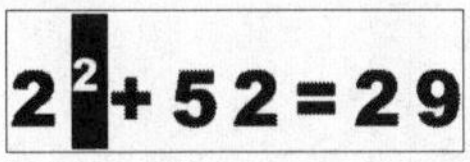

$$2^2+5\,2=2\,9$$
图6-108

$$2^2+5^2=2\,9$$
图6-109

提示 若要取消"基线偏移"的效果，可以在选择相应的文本后，将"基线偏移"选项的数值设为0。

6.4 设置段落格式

"段落"面板提供了文本对齐、段落缩进、段落间距以及制表符等设置，可用于处理段落文本。选择"窗口 > 文字 > 段落"命令（快捷键为Alt+Ctrl+T），弹出"段落"面板，如图6-110所示。

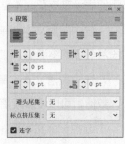
图6-110

6.4.1 文本对齐

文本对齐是指段落中所有的文字按一定的标准有序地排列。Illustrator 2022提供了7种文本对齐方式，分别为"左对齐"、"居中对齐"、"右对齐"、"两端对齐，末行左对齐"、"两端对齐，末行居中对齐"、"两端对齐，末行右对齐"和"全部两端对齐"。

选中要对齐的段落文本，单击"段落"面板中的各个对齐方式按钮，应用不同对齐方式的段落文本效果如图6-111所示。

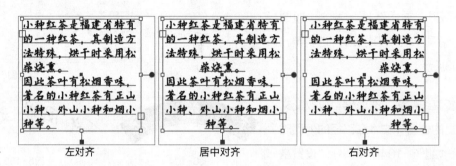

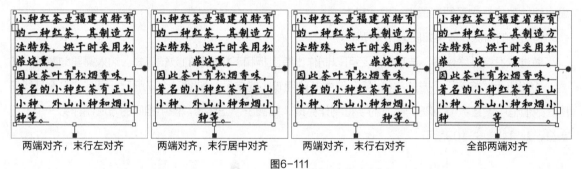

图6-111

6.4.2 段落缩进和间距

段落缩进是指文本和文本框的间距量，包含3种方式："左缩进"、"右缩进"、"首行左缩进"。段落间距是指段落之间的距离，包含2种方式："段前间距"和"段后间距"。

选中段落文本，单击"段落"面板中"左缩进"或"右缩进"选项的上下微调按钮，可以设置段落左右侧的缩进值，单击一次可以调整1 pt；也可以在这两个选项的数值框内输入数值进行调整，正值表示文本在文本框内缩进，负值表示文本伸出文本框外。

选中段落文本，单击"首行左缩进"选项的上下微调按钮，或在数值框内输入数值，可以设置段落首行的缩进值。

选中段落文本，单击"段前间距"或"段后间距"选项的上下微调按钮，或在数值框内输入数值，可以设置段落前后的间距。

选中一个文本框，应用"段落"面板中段落缩进和段落间距的不同方式，段落文本效果如图6-112所示。

左缩进 　　　　　 右缩进 　　　　　 首行左缩进

段前间距 　　　　　 段后间距

图6-112

6.5 分栏和链接文本

在Illustrator 2022中，大的段落文本经常采用分栏这种页面形式。分栏时，可自动创建链接文本，也可手动创建文本链接。

6.5.1 创建文本分栏

在Illustrator 2022中，可以对一个选中的段落文本框进行分栏。不能对点文本或路径文本进行分栏，也不能对一个文本框中的部分文本进行分栏。

选中要进行分栏的文本框，如图6-113所示，选择"文字 > 区域文字选项"命令，弹出"区域文字选项"对话框，各选项设置如图6-114所示，单击"确定"按钮，创建文本分栏，效果如图6-115所示。

在"行"选项组中的"数量"选项中输入行数，所有的行自动定义为相同的高度，建立文本分栏后可以改变各行的高度。"跨距"选项用于设置行的高度。

在"列"选项组中的"数量"选项中输入栏数，所有的栏自动定义为相同的宽度，建立文本分栏后可以改变各栏的宽度。"跨距"选项用于设置栏的宽度。

单击"文本排列"选项组中的 按钮，可以选择一种文本流在链接时的排列方式，每个按钮上的方向箭指明了文本流的方向。

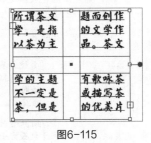

图6-113   图6-114   图6-115

6.5.2 串接文本框

在文本框的右下角出现了红色带加号小正方形⊞，表示因文本框太小有文本溢出。如果文本框出现文本溢出的现象，可以通过调大文本框的大小显示所有的文本，也可以将溢出的文本链接到另一个文本框中，还可以进行多个文本框的串接。点文本和路径文本不能被串接。

选择有文本溢出的文本框。绘制一个闭合路径或创建一个文本框，同时将文本框和闭合路径选中，如图6-116所示。

选择"文字 > 串接文本 > 创建"命令，左边文本框中溢出的文本会自动移到右边的闭合路径中，效果如图6-117所示。

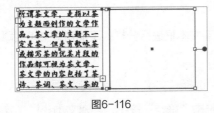

图6-116   图6-117

如果右边的文本框中还有文本溢出，可以继续添加文本框来串接溢出的文本。选择"文字 > 串接文本 > 移去串接文字"命令，可以解除各文本框之间的串接状态。

6.6 图文混排

图文混排效果是版式设计中经常使用的一种效果，使用文本绕图命令可以制作出漂亮的图文混排效果。文本绕图对整个文本框起作用，对于文本框中的部分文本、点文本、路径文本不能进行文本绕图。

在文本框前方放置图形并调整好位置，同时选中文本框和图形，如图6-118所示。选择"对象 > 文本绕排 > 建立"命令，建立文本绕排，文本和图形结合在一起，效果如图6-119所示。要增加绕排的图形，可先将图形放置在文本框前方，再选择"对象 > 文本绕排 > 建立"命令，文本绕图将会重新排列，效果如图6-120所示。

图6-118

图6-119

图6-120

选中文本绕图对象，选择"对象 > 文本绕排 > 释放"命令，可以取消文本绕图。

提示 图形必须放置在文本框前方才能进行文本绕图。

课堂练习——制作古琴展览广告

练习知识要点 使用"置入"命令添加海报背景，使用文字工具、"字符"面板添加广告的文字内容，使用"字形"命令插入字形符号。效果如图6-121所示。

素材所在位置 学习资源\Ch06\素材\制作古琴展览广告\01、02。

效果所在位置 学习资源\Ch06\效果\制作古琴展览广告.ai。

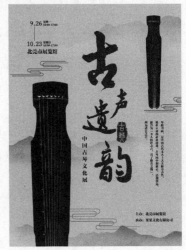

图6-121

课后习题——制作陶艺展览海报

习题知识要点 使用"置入"命令置入陶瓷图片，使用文字工具、"字符"面板添加展览信息，使用"字形"面板添加字形符号。效果如图6-122所示。

素材所在位置 学习资源\Ch06\素材\制作陶艺展览海报\01~07。

效果所在位置 学习资源\Ch06\效果\制作陶艺展览海报.ai。

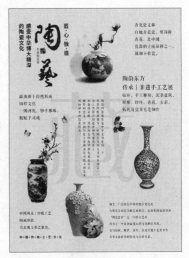

图6-122

第 7 章

图表的创建与编辑

本章介绍

Illustrator 2022不仅具有强大的绘图功能，还具有强大的图表处理功能，本章将系统地予以介绍。通过学习使用图表工具，可以创建出各种不同类型的表格，以更好地表现复杂的数据。另外，通过自定义图表各部分的颜色，以及将创建的图案应用到图表中，能更加生动地表现数据内容。

学习目标

● 掌握图表的创建方法。

● 了解不同类型图表之间的转换技巧。

● 掌握设置图表属性的方法。

● 掌握自定义图表图案的方法。

技能目标

● 掌握"餐饮行业收入规模图表"的制作方法。

● 掌握"新汉服消费统计图表"的制作方法。

7.1 创建图表

在Illustrator 2022中，提供了9种不同的图表工具，利用这些工具可以创建不同类型的图表。

7.1.1 课堂案例——制作餐饮行业收入规模图表

案例学习目标 学习使用图表绘制工具、"图表类型"对话框制作餐饮行业收入规模图表。

案例知识要点 使用矩形工具、椭圆工具、"剪切蒙版"命令制作图表底图，使用柱形图工具、"图表类型"对话框、编组选择工具和文字工具制作柱形图表，使用文字工具、"字符"面板添加文字信息。餐饮行业收入规模图表效果如图7-1所示。

效果所在位置 学习资源\Ch07\效果\制作餐饮行业收入规模图表.ai。

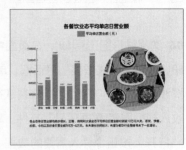

图7-1

01 按Ctrl+N快捷键，弹出"新建文档"对话框，设置文档的宽度为254 mm，高度为190 mm，取向为横向，出血为3 mm，颜色模式为"CMYK颜色"，光栅效果为"高（300 ppi）"，单击"创建"按钮，新建一个文档。

02 选择矩形工具▭，绘制一个比页面稍大的矩形，设置填充色为米黄色（CMYK值为2、2、19、0），描边色为"无"，效果如图7-2所示。

03 选择"文件 > 置入"命令，弹出"置入"对话框，选择学习资源中的"Ch07\素材\制作餐饮行业收入规模图表\01"文件，单击"置入"按钮，在页面中单击置入图片，单击属性栏中的"嵌入"按钮，嵌入图片。选择选择工具▶，拖曳图片到适当的位置，效果如图7-3所示。选择椭圆工具◯，按住Shift键的同时在适当的位置绘制一个圆形，效果如图7-4所示。

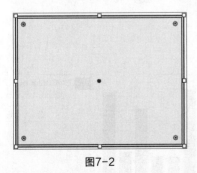

图7-2

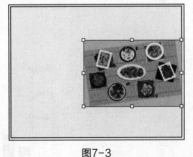

图7-3

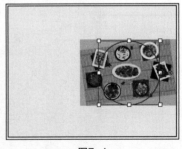

图7-4

04 选择选择工具▶，按住Shift键的同时单击后方图片将其同时选取，如图7-5所示，按Ctrl+7快捷键建立剪切蒙版，效果如图7-6所示。

05 选择文字工具▼，在页面中输入需要的文字，选择选择工具▶，在属性栏中选择合适的字体并设置文字大小，效果如图7-7所示。

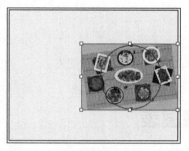

图7-5

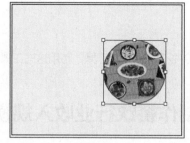

图7-6

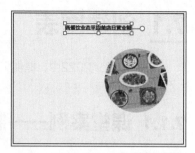

图7-7

06 选择柱形图工具 ，在页面中单击，弹出"图表"对话框，设置如图7-8所示，单击"确定"按钮，弹出"图表数据"对话框，单击"导入数据"按钮 ，弹出"导入图表数据"对话框，选择学习资源中的"Ch07\素材\制作餐饮行业收入规模图表\数据信息"文件，单击"打开"按钮，导入需要的数据，效果如图7-9所示。

图7-8

图7-9

07 导入完成后，单击"应用"按钮 ，再关闭"图表数据"对话框，建立柱形图表，效果如图7-10所示。双击柱形图工具 ，弹出"图表类型"对话框，设置如图7-11所示，单击"确定"按钮，效果如图7-12所示。

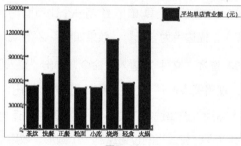

图7-10

图7-11

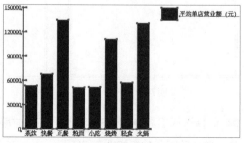

图7-12

08 选择选择工具 ，在属性栏中选择合适的字体并设置文字大小，效果如图7-13所示。选择编组选择工具 ，按住Shift键的同时依次单击选取需要的矩形，设置填充色为深黄色（CMYK值为8,34,81,0），描边色为"无"，效果如图7-14所示。

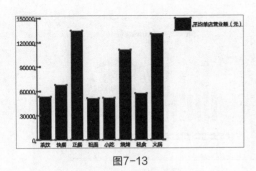

图7-13

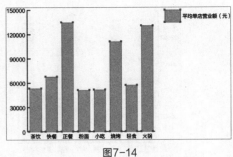

图7-14

09 使用编组选择工具 ▷，按住Shift键的同时依次单击选取需要的刻度线，设置描边色为深灰色（CMYK值为0,0,0,80），效果如图7-15所示。选取下方需要的刻度线，按Shift+Ctrl+] 快捷键将刻度线置于顶层，效果如图7-16所示。

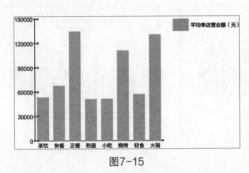

图7-15

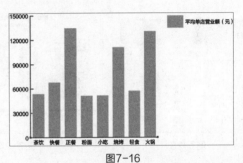

图7-16

10 选择选择工具 ▶，将柱形图表拖曳到页面中适当的位置，效果如图7-17所示。选择编组选择工具 ▷，按住Shift键的同时选取需要的图形和文字，如图7-18所示，拖曳到适当的位置，效果如图7-19所示。选取图形右侧的文字，在属性栏中设置文字大小，效果如图7-20所示。

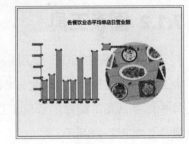

图7-17

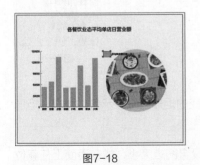

图7-18

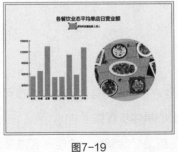

图7-19

各餐饮业态平均单店日营业额

平均单店营业额（元）

图7-20

11 选择文字工具 T，在适当的位置分别输入需要的数据，选择选择工具 ▶，在属性栏中选择合适的字体并设置文字大小，效果如图7-21所示。

12 选择文字工具 T，在适当的位置输入需要的文字，选择选择工具 ▶，在属性栏中选择合适的字体并设置文字大小，效果如图7-22所示。

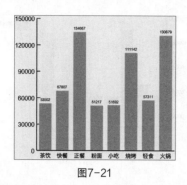

图7-21

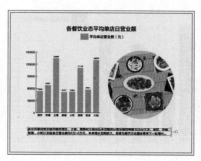

图7-22

13 按Ctrl+T快捷键，弹出"字符"面板，将"设置行距" ⏶A 选项设为18 pt，其他选项的设置如图7-23所示，效果如图7-24所示。餐饮行业收入规模图表制作完成，效果如图7-25所示。

图7-23

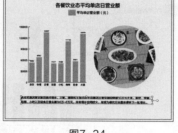

图7-24

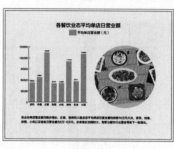

图7-25

7.1.2 图表工具

按住工具箱中的柱形图工具 📊 不放，将弹出图表工具组。该工具组中包含的图表工具依次为柱形图工具 📊、堆积柱形图工具 📊、条形图工具 📊、堆积条形图工具 📊、折线图工具 ⬀、面积图工具 ⬀、散点图工具 ⬚、饼图工具 ◕、雷达图工具 ◈，如图7-26所示。

图7-26

7.1.3 柱形图

柱形图是较为常用的一种图表类型，它使用一些竖排的、高度可变的矩形柱来表示各种数据，矩形的高度与数据大小成正比。创建柱形图的具体步骤如下。

选择柱形图工具 📊，在页面中拖曳鼠标绘制出一个矩形区域来设置图表大小；或在页面上任意位置单击，将弹出"图表"对话框，如图7-27所示，在"宽度"和"高度"数值框中输入图表的宽度和高度数值后，单击"确定"按钮。此时将在页面中建立图表，如图7-28所示，同时弹出"图表数据"对话框，如图7-29所示。

图7-27

图7-28

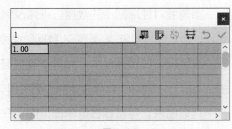

图7-29

在"图表数据"对话框左上方的文本框中可以直接输入各种文本或数值，然后按Tab键或Enter键确认，文本或数值将会添加到"图表数据"对话框的单元格中。单击可以选取各个单元格，并更改文本或数据值。

在"图表数据"对话框右上方有一组按钮。单击"导入数据"按钮 ，可以从外部文本文件中导入数据信息；单击"换位行/列"按钮 ，可将横排和竖排的数据交换位置；单击"切换x/y"按钮 ，将调换x轴和y轴的位置；单击"单元格样式"按钮 ，弹出"单元格样式"对话框，可以设置单元格的样式；单击"恢复"按钮 ，在没有单击应用按钮以前使文本框中的数据恢复到前一个状态；单击"应用"按钮 ，确认输入的数值并生成图表。

单击"单元格样式"按钮 ，将弹出"单元格样式"对话框，如图7-30所示，可以在"小数位数"和"列宽度"文本框中输入所需要的数值。另外，将鼠标指针放置在各单元格相交处时，将会变成两条竖线和双向箭头的形状 ，这时拖曳鼠标可以调整列宽度。

在"图表数据"对话框中的文本表格的第1格中单击，删除默认数值1。按照文本表格的组织方式输入数据。例如，观察家电行业第一季度销售额，如图7-31所示。

图7-30

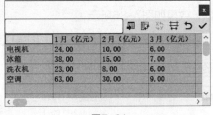

图7-31

单击"应用"按钮 ，所输入的数据被应用到图表上，柱形图效果如图7-32所示，从图中可以看到，柱形图是对每一行中的数据进行比较。

在"图表数据"对话框中单击"换位行/列"按钮 ，互换行、列数据，单击"应用"按钮 ，可以得到新的柱形图，效果如图7-33所示。在"图表数据"对话框中单击关闭按钮 将对话框关闭。

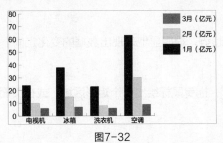

图7-32

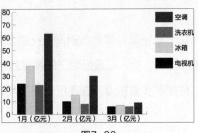

图7-33

当需要对柱形图中的数据进行修改时，先选取要修改的图表，再选择"对象 > 图表 > 数据"命令，将弹出"图表数据"对话框。在对话框中可以再修改数据，修改数据后，单击"应用"按钮 ✓，将修改后的数据应用到选取的图表中。

选取图表，用鼠标右键单击页面，在弹出的菜单中选择"类型"命令，将弹出"图表类型"对话框，可以在对话框中选择其他的图表类型，如图7-34所示。

图7-34

7.1.4 其他图表效果

1. 堆积柱形图

相较于柱形图显示为单一的数据比较，堆积柱形图显示的是全部数据总和的比较，因此，在进行数据总量的比较时，多用堆积柱形图来表示，效果如图7-35所示。

2. 条形图和堆积条形图

条形图与柱形图类似，只是柱形图是以垂直方向上的矩形显示图表中的各组数据，而条形图是以水平方向上的矩形来显示图表中的数据，效果如图7-36所示。

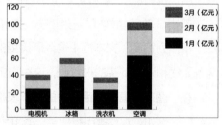

图7-35

堆积条形图与堆积柱形图类似，但是堆积柱形图是以垂直方向上的矩形条来显示数据总量的，堆积条形图正好与之相反。堆积条形图效果如图7-37所示。

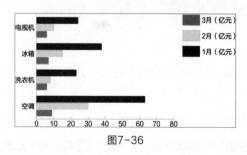

图7-36

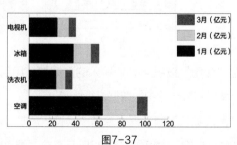

图7-37

3. 折线图

折线图可以显示出某种事物随时间变化的发展趋势，很明显地表现出数据的变化走向。折线图也是一种比较常见的图表，给人以直接明了的视觉效果。

与创建柱形图的步骤相似，选择折线图工具 ⊠，拖曳鼠标绘出一个矩形区域，或在页面上任意位置单击，在弹出的"图表"对话框中设置好宽度、高度后单击"确定"按钮，在弹出的"图表数据"对话框中输入相应的数据，最后单击"应用"按钮 ✓。折线图表效果如图7-38所示。

4. 面积图

面积图可以用来表示一组或多组数据。通过不同的折线连接图表中所有的点，形成面积区域，并且折线内部填充为不同的颜色。面积图其实与折线图类似，是一个填充了颜色的线段图，效果如图7-39所示。

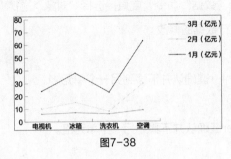

图7-38

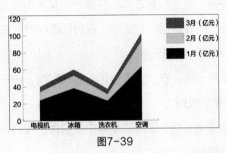

图7-39

5. 散点图

散点图是一种比较特殊的数据图表。散点图的横坐标和纵坐标都是数据坐标，两组数据的交叉点形成了坐标点。图表中的数据点默认是用线连接的，效果如图7-40所示，但可以在"图表类型"对话框中取消。散点图不适合用于表现太复杂的内容，只适合显示图例的说明。

6. 饼图

饼图适用于一个整体中各组成部分的比较。该类图表应用的范围比较广。饼图的数据整体显示为一个圆，每组数据按照其在整体中所占的比例，以不同颜色的扇形区域显示出来，但是它不能准确地显示出各部分的具体数值，效果如图7-41所示。

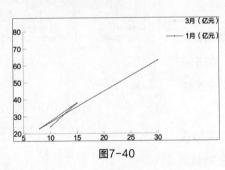

图7-40

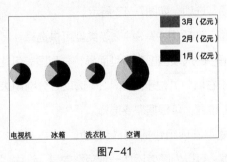

图7-41

7. 雷达图

雷达图是一种较为特殊的图表类型，它以一种环形的形式对图表中的各组数据进行比较，形成比较明显的数据对比，适用于多项指标的全面分析，效果如图7-42所示。

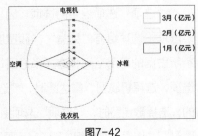

图7-42

139

7.2 设置图表

在Illustrator 2022中，可重新调整各种类型图表的选项及更改某一组数据，还可以解除图表组合。

7.2.1 "图表数据"对话框

选中图表，单击鼠标右键，在弹出的菜单中选择"数据"命令，或直接选择"对象 > 图表 > 数据"命令，弹出"图表数据"对话框。在对话框中可以进行数据的修改。

（1）编辑一个单元格

选取该单元格，在文本框中输入新的数据，按Enter键确认并下移到另一个单元格。

（2）删除数据

选取数据单元格，删除文本框中的数据，按Enter键确认并下移到另一个单元格。

（3）删除多个数据

选取要删除数据的多个单元格，选择"编辑 > 清除"命令，即可删除多个数据。

7.2.2 "图表类型"对话框

1. 设置"图表选项"

选中图表，双击"图表工具"或选择"对象 > 图表 > 类型"命令，弹出"图表类型"对话框，左上角下拉列表框中包括"图表选项""数值轴""类别轴"3个选项，默认选中"图表选项"选项，如图7-43所示。

"类型"选项组中有9种图表类型可供选择，"数值轴"下拉列表框中的选项因图表类型而异，柱形图表包括"位于左侧""位于右侧""位于两侧"3个选项，分别用来表示图表中坐标轴的位置，可根据需要选择。

"样式"选项组包括4个复选项。其中，选中"添加投影"复选框，可以为图表添加一种阴影效果；选中"在顶部添加图例"复选框，会将图例放到图表的顶部，否则会放到图表的右上方。

图7-43

"选项"选项组中的选项，因"类型"选项组中的图表类型而异：选择柱形图、堆积柱形图时，"选项"选项组有"列宽""簇宽度"两个选项，分别用来控制图表的每个柱形条的宽度、所有柱形条所占据的可用空间；选择条形图、堆积条形图时，"选项"选项组有"条形宽度""簇宽度"两个选项；选择折线图、雷达图时，"选项"选项组如图7-44所示；选择面积图时，"选项"选项组是空的；选择散点图时，"选项"选项组比图7-44所示中少了左下角的"线段边到边跨X轴"选项；选择饼图时，"选项"选项组如图7-45所示。

其中，在折线图、雷达图的 "选项"选项组中，选中 "标记数据点"复选框，可以使数据点显示为正方形，否则直线段中间的数据点不显示；选中 "连接数据点"复选框，可以在每组数据点之间进行连线，否则只显示一个个孤立的点；选中 "线段边到边跨X轴"复选框，可以将线条从图表左边和右边伸出，它对分散图表无作用；选中 "绘制填充线"复选框，将激活其下方的 "线宽"选项。

图7-44

图7-45

在饼图的 "选项"选项组中，"图例"选项用于控制图例的显示，在其下拉列表中，"无图例"选项即是不要图例，"标准图例"选项将图例放在图表的外围，"楔形图例"选项是将图例插入相应的扇形中。 "排序"选项控制图表元素的排列顺序，在其下拉列表中，"全部"选项将元素信息由大到小顺时针排列，"第一个"选项将最大值元素信息放在顺时针方向的第一个、其余按输入顺序排列，"无"选项按元素的输入顺序顺时针排列。 "位置"选项控制饼图以及扇形块的摆放位置，在其下拉列表中，"比例"选项将按比例显示各个饼图的大小，"相等"选项使所有饼图的直径相等，"堆积"选项将所有的饼图叠加在一起。

2. 设置"数值轴"

以柱形图为例。在 "图表类型"对话框左上方的下拉列表框中选择 "数值轴"选项，对话框如图7-46所示。

"刻度值"选项组： 当选中 "忽略计算出的值"复选项时，下面的3个数值框被激活。 "最小值"选项的数值表示数值轴的起始值，它不能大于 "最大值"选项的数值； "最大值"选项的数值表示数值轴的最大刻度值； "刻度"选项的数值用来决定将数值轴分为多少部分。

"刻度线"选项组： "长度"下拉列表中包括3个选项。选择 "无"选项，表示不使用刻度标记；选择 "短"选项，表示使用短的刻度标记；选择 "全宽"选项，刻度线将贯穿整个图表，效果如图7-47所示。 "绘制"选项的数值表示两个刻度线间的细分。

图7-46

"添加标签"选项组： "前缀"选项是指在数值前加标签， "后缀"选项是指在数值后加标签。在 "后缀"文本框中输入 "亿元"后，图表效果如图7-48所示。

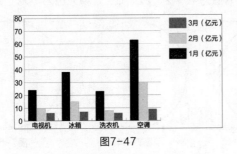

图7-47

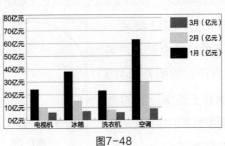

图7-48

7.3 自定义图表

Illustrator 2022除了可以创建和编辑图表外，还可以对图表的局部进行编辑和修改，以及自定义图表的图案，使图表所表现的数据更加生动。

7.3.1 课堂案例——制作新汉服消费统计图表

案例学习目标 学习使用条形图工具、"设计"命令和"柱形图"命令制作统计图表。

案例知识要点 使用椭圆工具、剪刀工具、"画笔库"命令绘制花朵，使用条形图工具建立条形图表，使用"设计"命令定义图案，使用"柱形图"命令制作图案图表，使用编组选择工具和直接选择工具编辑卡通图案，使用文字工具、属性栏、"字符"面板添加标题及统计信息。新汉服消费统计图表效果如图7-49所示。

图7-49

效果所在位置 学习资源\Ch07\效果\制作新汉服消费统计图表.ai。

01 按Ctrl+N快捷键，弹出"新建文档"对话框，设置文档的宽度为285 mm，高度为210 mm，取向为横向，出血为3 mm，颜色模式为"CMYK颜色"，光栅效果为"高（300 ppi）"，单击"创建"按钮，新建一个文档。

02 选择文字工具 **T**，在页面中输入需要的文字，选择选择工具 ▶，在属性栏中选择合适的字体并设置文字大小，效果如图7-50所示。

03 选择椭圆工具 ◯，在页面外单击，弹出"椭圆"对话框，选项的设置如图7-51所示，单击"确定"按钮，出现一个圆形，效果如图7-52所示。

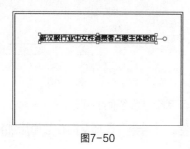

图7-50

图7-51

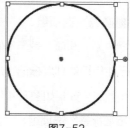

图7-52

04 保持图形选取状态。设置描边色为粉红色（CMYK值为4、42、22、0），填充色为"无"，效果如图7-53所示。选择剪刀工具 ✂，在圆形上下两个锚点处分别单击，剪断路径，如图7-54所示。选择选择工具 ▶，用框选的方法将两条剪断的路径同时选取，如图7-55所示。

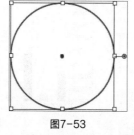

图7-53

图7-54

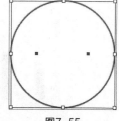

图7-55

05 选择"窗口 > 画笔库 > 装饰 > 典雅的卷曲和花形画笔组"命令，在弹出的"典雅的卷曲和花形画笔组"面板中，选择需要的画笔"丝带2"，如图7-56所示，用画笔为路径描边的效果如图7-57所示。在属性栏中将"描边粗细"选项设为0.75 pt，效果如图7-58所示。

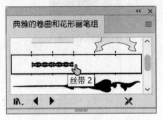

图7-56　　　　　　　　　图7-57　　　　　　　　　图7-58

06 选择选择工具▶，分别拖曳花瓣图形到页面中适当的位置，效果如图7-59所示。

图7-59

07 选择条形图工具▤，在页面中单击，弹出"图表"对话框，设置如图7-60所示；单击"确定"按钮，弹出"图表数据"对话框，输入需要的数据，如图7-61所示。输入完成后，单击"应用"按钮✓，关闭"图表数据"对话框，生成柱形图表，并将其拖曳到页面中适当的位置，效果如图7-62所示。

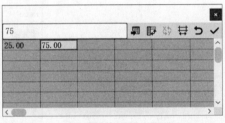

图7-60　　　　　　　　　　　图7-61　　　　　　　　　　　图7-62

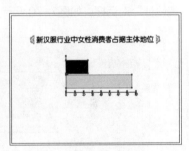

08 选择"对象 > 图表 > 类型"命令，弹出"图表类型"对话框，选项的设置如图7-63所示；单击左上角的下拉列表框，在弹出的下拉列表中选择"数值轴"，切换到相应的对话框进行设置，如图7-64所示；单击左上角的下拉列表框，在弹出的下拉列表中选择"类别轴"，切换到相应的对话框进行设置，如图7-65所示；设置完成后，单击"确定"按钮，效果如图7-66所示。

图7-63　　　　　　　　　　　　　　　　　图7-64

图7-65

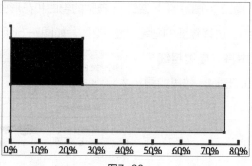

图7-66

09 按Ctrl+O快捷键,打开学习资源中的"Ch07\素材\制作新汉服消费统计图表\01"文件,选择选择工具 ▶ ,选取需要的图形,如图7-67所示。

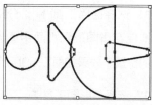

图7-67

10 选择"对象 > 图表 > 设计"命令,弹出"图表设计"对话框,单击"新建设计"按钮,显示所选图形的预览,如图7-68所示;单击"重命名"按钮,在弹出的"图表设计"对话框中输入名称,如图7-69所示;单击"确定"按钮,返回到"图表设计"对话框,如图7-70所示,单击"确定"按钮,完成图表图案的定义。

图7-68

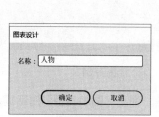

图7-69

图7-70

11 返回当前文档,选取图表,选择"对象 > 图表 > 柱形图"命令,弹出"图表列"对话框,选择新定义的图案名称,其他选项的设置如图7-71所示;单击"确定"按钮,如图7-72所示。

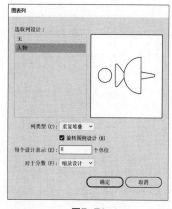

图7-71

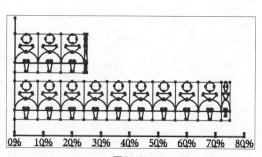

图7-72

12 选择编组选择工具 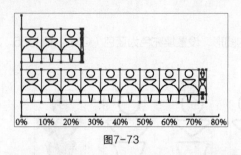，按住Shift键的同时依次单击选取不需要的图形，如图7-73所示。按Delete
键将其删除，效果如图7-74所示。

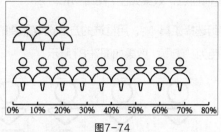

图7-73   图7-74

13 使用编组选择工具，按住Shift键的同时依次单击选取需要的图形，如图7-75所示。设置填充色
为桃红色（CMYK值为0、75、26、0），描边色为"无"，效果如图7-76所示。

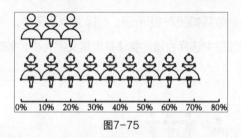
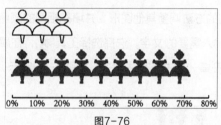

图7-75   图7-76

14 使用编组选择工具，用框选的方法将刻度线同时选取，设置描边色为深灰色（CMYK值为0、0、
0、60），效果如图7-77所示。

15 使用编组选择工具，用框选的方法将下方百分比同时选取，在属性栏中选择合适的字体并设置文
字大小；设置填充色为深灰色（CMYK值为0、0、0、60），效果如图7-78所示。

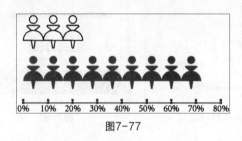
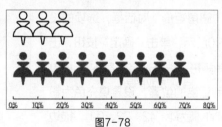

图7-77   图7-78

16 使用编组选择工具在上
方选取不需要的半圆形，如图
7-79所示，按Delete键将其删
除，效果如图7-80所示。

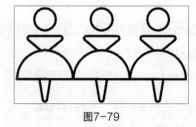
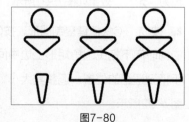

图7-79   图7-80

17 选择直接选择工具，用框选的方法选取需要的锚点，如图7-81所示，按住Shift键的同时垂直向上
拖曳锚点到适当的位置，如图7-82所示。

18 使用直接选择工具 ▷ 框选左侧的锚点，如图7-83所示，按住Shift键的同时水平向左拖曳锚点到适当的位置，如图7-84所示。框选右侧的锚点，水平向右拖曳锚点到适当的位置，如图7-85所示。用相同的方法调整其他锚点，效果如图7-86所示。

19 选择编组选择工具 ▷ᐩ，用框选的方法选取需要的图形，设置填充色为蓝色（CMYK值为65、21、0、0），描边色为"无"，效果如图7-87所示。

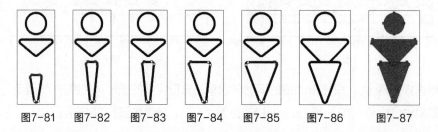

图7-81　　图7-82　　图7-83　　图7-84　　图7-85　　图7-86　　图7-87

20 用相同的方法调整其他图形，并填充相同的颜色，效果如图7-88所示。选择文字工具 T ，在适当的位置分别输入需要的文字，选择选择工具 ▶ ，在属性栏中选择合适的字体并设置文字大小；单击"居中对齐"按钮 ≡ ，将文字居中对齐，如图7-89所示。

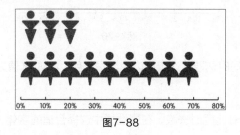

图7-88

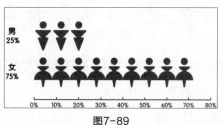

图7-89

21 选择圆角矩形工具 ▢ ，在页面中单击，弹出"圆角矩形"对话框，选项的设置如图7-90所示，单击"确定"按钮，出现一个圆角矩形。选择选择工具 ▶ ，拖曳圆角矩形到适当的位置，设置填充色为粉红色（CMYK值为4、42、22、0），描边色为"无"，效果如图7-91所示。

图7-90

图7-91

22 按Ctrl+C快捷键复制图形，按Ctrl+F快捷键将复制的图形粘贴在前面。选择选择工具 ▶ ，按住Alt键的同时向下拖曳圆角矩形上边中间的控制手柄到适当的位置，调整其大小，效果如图7-92所示。

23 按住Alt键的同时向右拖曳圆角矩形右侧中间的控制手柄到适当的位置，调整其大小，效果如图7-93所示。

图7-92

图7-93

24 选择文字工具 T，在适当的位置输入需要的文字，选择选择工具 ▶，在属性栏中选择合适的字体并设置文字大小；单击"左对齐"按钮 ≡，将文字左对齐，效果如图7-94所示。

25 按Ctrl+T快捷键，弹出"字符"面板，将"设置行距" 选项设为24 pt，其他选项的设置如图7-95所示，效果如图7-96所示。新汉服消费统计图表制作完成。

图7-94　　　　　　　　　　图7-95　　　　　　　　　　图7-96

7.3.2　自定义图表图案

"设计"命令可以将选择的图形对象创建为图表中替代柱形和图例的设计图案。

在页面中绘制图形，效果如图7-97所示。选中图形，选择"对象 > 图表 > 设计"命令，弹出"图表设计"对话框。单击"新建设计"按钮，在预览框中将会显示所选的图形，对话框中的"删除设计"按钮、"重命名"按钮、"粘贴设计"按钮和"选择未使用的设计"按钮将被激活，如图7-98所示。

单击"重命名"按钮，弹出对话框，在对话框中输入自定义图案的名称，如图7-99所示，单击"确定"按钮，完成命名。在对话框中编辑完成后，单击"确定"按钮，即可完成对一个图表图案的定义。

图7-97　　　　　　　　　　图7-98　　　　　　　　　　图7-99

此外，在"图表设计"对话框中单击"粘贴设计"按钮，再单击"确定"按钮，可以将图案粘贴到页面中，对其重新进行修改和编辑。对于编辑修改后的图案，可以再将其定义为一个新的图表图案。

7.3.3　应用图表图案

用户可以将自定义的图案应用到图表中。

选择要应用图案的图表，再选择"对象 > 图表 > 柱形图"命令，弹出"图表列"对话框。

在"图表列"对话框中，"列类型"选项包括4种缩放图案的类型："垂直缩放"选项表示根据数据的大小，对图表的自定义图案进行垂直方向上的缩放，水平方向上保持不变；"一致缩放"选项表示图表将按照图案的比例并结合图表中数据的大小对图案进行缩放；"重复堆叠"选项可以把图案以重复堆积的方式填满柱形；"局部缩放"选项与"垂直缩放"选项类似，但可以指定伸展或缩放的位置。其中，"重复堆叠"选项要和"每个设计表示"选项、"对于分数"选项结合使用。"每个设计表示"选项表示每个图案代表几个单位，如果在数值框中输入50，就表示1个图案代表50个单位。在"对于分数"下拉列表中，"截断设计"选项表示，不足一个图案时，由图案的一部分来表示；"缩放设计"选项表示，不足一个图案时，通过对最后那个图案压缩来表示。设置如图7-100所示，单击"确定"按钮，将自定义的图案应用到图表中，效果如图7-101所示。

图7-100

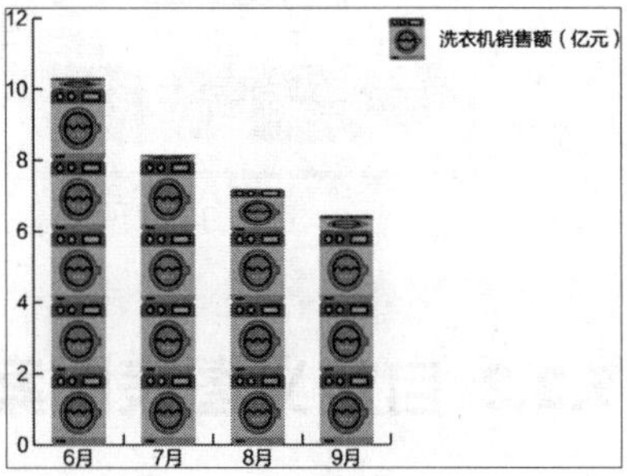

图7-101

课堂练习——制作微度假旅游年龄分布图表

练习知识要点 使用文字工具、"字符"面板添加标题及介绍文字，使用矩形工具、"变换"面板和直排文字工具制作分布模块，使用饼图工具建立饼图。效果如图7-102所示。

素材所在位置 学习资源\Ch07\素材\制作微度假旅游年龄分布图表\01。

效果所在位置 学习资源\Ch07\效果\制作微度假旅游年龄分布图表.ai。

图7-102

课后习题——制作获得运动指导方式图表

习题知识要点 使用矩形工具、直线段工具、"描边"面板、文字工具和倾斜工具制作标题文字，使用条形图工具建立条形图表，使用编组选择工具、填充工具更改图表颜色。效果如图7-103所示。

素材所在位置 学习资源\Ch07\素材\制作获得运动指导方式图表\01。

效果所在位置 学习资源\Ch07\效果\制作获得运动指导方式图表.ai。

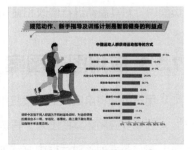

图7-103

第 8 章

/

图层和蒙版

/

本章介绍

本章将讲解Illustrator 2022中图层和蒙版的使用方法。掌握

图层和蒙版的功能，可以帮助读者在图形设计中提高效率，

快速、准确地制作出精美的平面作品。

学习目标

● 了解图层的含义与"图层"面板。

● 掌握图层的基本操作方法。

● 掌握剪切蒙版的创建和编辑方法。

● 掌握"透明度"面板的使用方法。

技能目标

● 掌握"脐橙线下海报"的制作方法。

8.1 图层的使用

在平面设计中，特别是包含复杂图形的设计中，需要在页面上创建多个对象，每个对象的大小不一致时，小的对象可能隐藏在大的对象下面。这样，选择和查看对象就很不方便。使用图层来管理对象，就可以很好地解决这个问题。图层就像一个文件夹，可包含多个对象。

8.1.1 图层的含义

选择"文件 > 打开"命令，弹出"打开"对话框，选择需要的文件，单击"打开"按钮，打开文件，效果如图8-1所示。选择"窗口 > 图层"命令（快捷键为F7），弹出"图层"面板，如图8-2所示。观察"图层"面板，可以发现在"图层"面板中显示出了3个图层。

如果只想看到"图层1"  上的图像，依次单击其他图层的眼睛图标 ，它们将关闭，如图8-3所示，这样就只显示"图层1"了，此时图像效果如图8-4所示。

图8-1   图8-2   图8-3   图8-4

Illustrator的图层是透明层，每一图层中可以放置不同的对象，上面的图层将影响下面的图层，修改其中的某一图层不会改动其他的图层，将这些图层叠在一起显示在页面中，就形成了一幅完整的图形。

8.1.2 "图层"面板

"图层"面板如图8-5所示。

在"图层"面板的右上方有两个按钮 ，分别是"折叠为图标"按钮和"关闭"按钮。单击"折叠为图标"按钮，可以将"图层"面板折叠为图标；单击"关闭"按钮，可以关闭"图层"面板。

默认状态下，在新建图层时，如果未指定名称，系统将以数字递增形式为图层指定名称，如图层1、图层2等。不过，可以根据需要为图层重新命名。

图8-5

单击图层名称前的三角形按钮 或 ，可以展开或折叠图层。当按钮为 时，表示此图层中的内容处于折叠状态，单击此按钮可以展开当前图层中所有对象或编组；当按钮为 时，表示展开了图层中的对象或编组，单击此按钮可以将图层折叠起来，这样可以节省"图层"面板的空间。

在"图层"面板中，眼睛图标👁用于显示或隐藏图层；图层右上方有黑色三角形图标◥，表示其为当前正被编辑的图层；眼睛图标右方有锁定图标🔒，表示当前图层和透明区域被锁定，不能被编辑。

"图层"面板底部有6个按钮，如图8-6所示，它们从左至右依次是："收集以导出"按钮、"定位对象"按钮、"建立/释放剪切蒙版"按钮、"创建新子图层"按钮、"创建新图层"按钮和"删除所选图层"按钮。

图8-6

"收集以导出"按钮 📤：单击此按钮，打开"资源导出"面板，可以导出当前图层的内容。

"定位对象"按钮 🔍：单击此按钮，可以展开所选对象所在的图层。

"建立/释放剪切蒙版"按钮 ▣：单击此按钮，将在当前图层上建立或释放一个蒙版。

"创建新子图层"按钮 ⊞：单击此按钮，可以为当前图层新建一个子图层。

"创建新图层"按钮 ⊞：单击此按钮，可以在当前图层上面新建一个图层。

"删除所选图层"按钮 🗑：单击此按钮，可以删除当前图层。也可以将不想要的图层拖到此处删除。

单击"图层"面板右上方的☰按钮，将弹出下拉菜单。

8.1.3　编辑图层

使用图层时，可以通过"图层"面板对图层进行编辑。如新建图层、新建子图层、为图层设定选项、合并图层和建立图层蒙版等操作，都可以通过选择"图层"面板菜单中的命令来完成。

1. 新建图层

（1）使用"图层"面板菜单

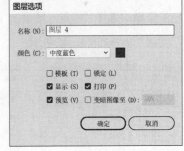

图8-7

单击"图层"面板右上方的☰按钮，在弹出的菜单中选择"新建图层"命令，弹出"图层选项"对话框，如图8-7所示。"名称"选项用于设定新建图层的名称；"颜色"选项用于设定新建图层的颜色，设置完成后，单击"确定"按钮，可以得到一个新建的图层。

（2）使用"图层"面板按钮

单击"图层"面板底部的"创建新图层"按钮⊞，可以创建一个新图层。

按住Alt键单击"图层"面板底部的"创建新图层"按钮⊞，将弹出"图层选项"对话框。

按住Ctrl键单击"图层"面板底部的"创建新图层"按钮⊞，不管当前选择的是哪一个图层，都可以在图层列表的最上层新建一个图层。

（3）新建子图层

如果要在当前选中的图层中新建一个子图层，可以单击"创建新子图层"按钮⊞，或从"图层"面板菜单中选择"新建子图层"命令，或按住Alt键的同时单击"创建新子图层"按钮⊞，也可以弹出"图层选项"对话框，它的设置方法和新建图层是一样的。

2. 选择图层

在"图层"面板中，单击图层名称，图层会显示为蓝灰色，并在名称后出现一个当前图层指示图标，即黑色三角形图标 ，表示此图层被选择为当前图层。

按住Shift键分别单击两个图层，即可选择这两个图层之间的所有图层。

按住Ctrl键逐个单击想要选择的图层，可以选择多个不连续的图层。

3. 复制图层

复制图层时，会复制图层中所包含的所有对象，包括路径、编组等。

（1）使用"图层"面板菜单

选择要复制的图层"图层3"，如图8-8所示。单击"图层"面板右上方的 ≡ 按钮，在弹出的菜单中选择"复制'图层3'"命令，复制出的图层在"图层"面板中显示为被复制图层的副本。复制图层后，"图层"面板如图8-9所示。

图8-8　　　　　　　　图8-9

（2）使用"图层"面板按钮

将"图层"面板中需要复制的图层拖曳到底部的"创建新图层"按钮 ⊞ 上，就可以用所选的图层复制出一个新图层。

4. 删除图层

（1）使用"图层"面板菜单

选择要删除的图层"图层3_复制"，如图8-10所示。单击"图层"面板右上方的 ≡ 按钮，在弹出的菜单中选择"删除'图层3_复制'"命令，如图8-11所示，该图层即可被删除，删除该图层后的"图层"面板如图8-12所示。

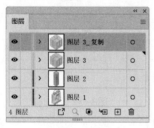

图8-10　　　　　　　　图8-11　　　　　　　　图8-12

（2）使用"图层"面板按钮

选择要删除的图层，单击"图层"面板底部的"删除所选图层"按钮 🗑，可以将图层删除。将需要删除的图层拖曳到"删除所选图层"按钮 🗑 上，也可以删除图层。

5. 隐藏或显示图层

隐藏一个图层时，此图层中的对象在页面上不显示。在"图层"面板中可以设置隐藏或显示图层。

（1）使用"图层"面板的菜单

选中一个图层，如图8-13所示。单击"图层"面板右上方的 ≡ 按钮，在弹出的菜单中选择"隐藏其他图层"命令，"图层"面板中除当前选中的图层外，其他图层都被隐藏，如图8-14所示。

（2）使用"图层"面板中的眼睛图标 ●

在"图层"面板中，单击想要隐藏的图层左侧的眼睛图标 ●，图层被隐藏。再次单击眼睛图标所在位置的方框，会重新显示此图层。

从一个图层的眼睛图标 ● 上向上或向下拖曳鼠标，可以快速隐藏多个图层。

（3）使用"图层选项"对话框

在"图层"面板中双击图层或图层名称，可以弹出"图层选项"对话框，取消选中"显示"复选框，单击"确定"按钮，图层被隐藏。

6. 锁定图层

当锁定图层后，此图层中的对象不能再被选择或编辑。使用"图层"面板能够快速锁定多个路径、编组和子图层。

（1）使用"图层"面板菜单

选中一个图层，如图8-15所示。单击"图层"面板右上方的 ≡ 按钮，在弹出的菜单中选择"锁定其他图层"命令，"图层"面板中除当前选中的图层外，其他所有图层都被锁定，如图8-16所示。选择"解锁所有图层"命令，可以解除所有图层的锁定。

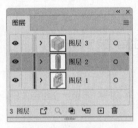

图8-13　　　　　　　图8-14　　　　　　　图8-15　　　　　　　图8-16

（2）使用对象命令

选中一个对象后，选择"对象 > 锁定 > 其他图层"命令，可以锁定其他未被选中的图层。

（3）使用"图层"面板中的锁定图标 🔒

在想要锁定的图层左侧的方框中单击，出现锁定图标 🔒，图层被锁定。再次单击锁定图标 🔒，图标消失，即解除对此图层的锁定状态。

从一个图层左侧的方框中向上或向下拖曳鼠标，可以快速锁定多个图层。

（4）使用"图层选项"对话框

在"图层"面板中双击图层或图层名称，可以弹出"图层选项"对话框，选中"锁定"复选框，单击"确定"按钮，图层被锁定。

7. 合并图层

在"图层"面板中选择需要合并的图层，如图8-17所示，单击"图层"面板右上方的 ≡ 按钮，在弹出的菜单中选择"合并所选图层"命令，选择的图层将合并到最后一个选择的图层或编组中，如图8-18所示。

选择"图层"面板菜单中的"拼合图稿"命令，所有可见的图层将合并为一个图层，合并图层时不会改变对象在页面上的排序。

图8-17

图8-18

8.1.4 使用图层

使用"图层"面板可以选择页面中的对象，还可以更改对象的外观属性。

1. 选择同一图层上的所有对象

（1）使用"图层"面板中的目标图标

在同一图层中的几个图形对象处于未选取状态，如图8-19所示。单击"图层"面板中要选择对象所在图层右侧的目标图标 ◎，目标图标变为 ◎，如图8-20所示。此时，图层中的对象被全部选中，效果如图8-21所示。

（2）结合Alt键使用"图层"面板

按住Alt键的同时，单击"图层"面板中可见图层的图层名称，此图层中的对象将被全部选中。

（3）使用"选择"菜单下的命令

使用选择工具 ▶ 选中某一图层中的某个对象，如图8-22所示。选择"选择 > 对象 > 同一图层上的所有对象"命令，此图层中的对象被全部选中，如图8-23所示。

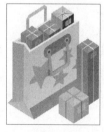
图8-19

图8-20

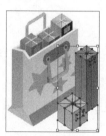
图8-21

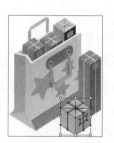
图8-22

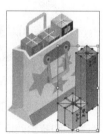
图8-23

2. 更改对象的透明度和效果等外观属性

对象的外观属性是一组在不改变对象基础结构的前提下影响对象外观的属性，包括填色、描边、透明度和效果。使用"图层"面板可以轻松地改变对象的除单一填色和单一描边以外的任何外观属性，如透明度和效果等。

在"图层"面板中，图层的目标图标有4种形态：当目标图标显示为 ◎ 时，表示当前图层在页面上没有对象被选择，并且没有透明度或效果等外观属性；当目标图标显示为 ◎ 时，表示当前图层在页面上有对象被选择，但是没有透明度或效果等外观属性；当目标图标显示为 ◎ 时，表示当前图层在页面上没有对象被选择，但是具有透明度或效果等外观属性；当目标图标显示为◎时，表示当前图层在页面上有对象被选择，并且具有透明度或效果等外观属性。

在"图层"面板中，选择具有透明度或效果等外观属性的对象所在的图层，拖曳此图层的目标图标到需要应用的图层的目标图标上，就可以移动对象的透明度或效果等外观属性；在拖曳的同时按住Alt键，可以复制图层中对象的透明度或效果等外观属性。

如果对一个图层应用透明度或效果等外观属性，则在此图层中的所有对象都将应用这些外观属性。如果将此图层中的某个对象移动到此图层之外，则此对象将不再具有这些外观属性。这是因为，这些外观属性仅仅作用于此图层，而不是此图层上的对象。

在"图层"面板中，选择具有透明度或效果等外观属性的对象所在的图层，拖曳此图层的目标图标到面板底部的"删除所选图层"按钮 🗑 上，可以取消此图层中对象的透明度或效果等外观属性。

8.2 剪切蒙版

将一个对象制作为蒙版后，对象的内部变得完全透明，这样就可以显示下面的被蒙版对象，同时也可以遮挡住不需要显示的部分。

8.2.1 课堂案例——制作脐橙线下海报

案例学习目标 学习使用图形工具、"置入"命令和"剪切蒙版"命令制作脐橙线下海报。

案例知识要点 使用矩形工具、钢笔工具、"置入"命令和"剪切蒙版"命令制作海报底图，使用文字工具、"字符"面板添加宣传文字。脐橙线下海报效果如图8-24所示。

效果所在位置 学习资源\Ch08\效果\制作脐橙线下海报.ai。

图8-24

01 按Ctrl+N快捷键，弹出"新建文档"对话框，设置文档的宽度为150 mm，高度为223 mm，取向为竖向，颜色模式为"CMYK颜色"，光栅效果为"高（300 ppi）"，单击"创建"按钮，新建一个文档。

02 选择矩形工具 ，绘制一个与页面大小相同的矩形。设置填充色为水绿色（CMYK值为15、4、16、0），描边色为"无"，效果如图8-25所示。

03 选择钢笔工具 ，在适当的位置绘制一个不规则图形，如图8-26所示。设置填充色为深橙色（CMYK值为0、60、77、0），描边色为"无"，效果如图8-27所示。

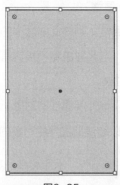
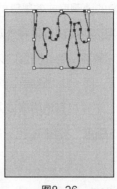
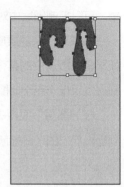

图8-25　　　　　　　图8-26　　　　　　　图8-27

04 选择钢笔工具 ，分别在适当的位置绘制不规则图形，如图8-28所示。选择选择工具 ，按住Shift键的同时依次单击刚绘制的图形将其同时选取，设置填充色为黑色，描边色为"无"，效果如图8-29所示。

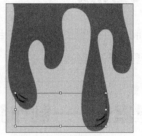

图8-28　　　　　　　图8-29

05 用相同的方法绘制其他图形，并填充相应的颜色，效果如图8-30所示。选择选择工具 ，按住Shift键的同时依次单击所绘制的图形将其同时选取，按Ctrl+G快捷键将其编组，如图8-31所示。

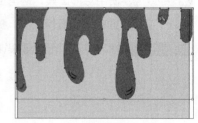

图8-30　　　　　　　图8-31

06 选择"文件 > 置入"命令，弹出"置入"对话框，选择学习资源中的"Ch08\素材\制作脐橙线下海报\01"文件，单击"置入"按钮，将图片置入页面中。单击属性栏中的"嵌入"按钮，嵌入图片。选择选择工具 ，拖曳图片到适当的位置，效果如图8-32所示。选取下方的背景矩形，按Ctrl+C快捷键复制图形，按Shift+Ctrl+V快捷键就地粘贴图形，如图8-33所示。

07 框选全部图形，如图8-34所示。按Ctrl+7快捷键，建立剪切蒙版，效果如图8-35所示。

图8-32　　　　　　图8-33　　　　　　图8-34　　　　　　图8-35

08 选择文字工具 **T**，在适当的位置输入需要的文字，选择选择工具 **▶**，在属性栏中选择合适的字体并设置文字大小，效果如图8-36所示。设置填充色和描边色均为深绿色（CMYK值为91、55、100、28），效果如图8-37所示。

09 按Ctrl+T快捷键，弹出"字符"面板，将"设置所选字符的字距调整" **VA** 选项设为-60，其他选项的设置如图8-38所示，效果如图8-39所示。

图8-36　　　　　　　图8-37　　　　　　　　图8-38　　　　　　　　图8-39

10 选择文字工具 **T**，在适当的位置单击，输入文字"果香浓郁"，将其选中，在"字符"面板中设置字体、文字大小、字距等，效果如图8-40所示；另起一行，输入"美好生活从每天一个橙子开始"，设置合适的字体、文字大小、字距，效果如图8-41所示。选择选择工具 **▶**，将输入的文字同时选取，设置填充色为橙色（CMYK值为6、52、93、0），效果如图8-42所示。

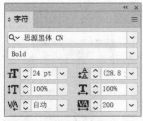

图8-40　　　　　　　　　图8-41　　　　　　　　　　图8-42

11 选择矩形工具 **▢**，在适当的位置绘制一个矩形，设置填充色为橙色（CMYK值为6、52、93、0），描边色为"无"，效果如图8-43所示。

12 选择"窗口 > 变换"命令，弹出"变换"面板，"矩形属性"选项组的设置如图8-44所示，效果如图8-45所示。

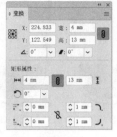

图8-43　　　　　　　　　　图8-44　　　　　　　　　　图8-45

13 选择椭圆工具 ◯，按住Shift键的同时在适当的位置绘制一个圆形，效果如图8-46所示。

14 选择选择工具 ▶，按住Alt+Shift组合键的同时水平向右拖曳圆形到适当的位置，复制圆形，效果如图8-47所示。

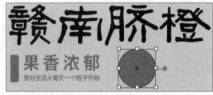

图8-46　　　　　　　　　　　　　　　　图8-47

15 选择文字工具 **T**，在适当的位置输入需要的文字，选择选择工具 ▶，在属性栏中选择合适的字体并设置文字大小，填充文字为白色，效果如图8-48所示。在"字符"面板中，将"设置所选字符的字距调整" **VA** 选项设为540，其他选项的设置如图8-49所示，效果如图8-50所示。

图8-48　　　　　　　　　图8-49　　　　　　　　　图8-50

16 按Ctrl+O快捷键，打开学习资源中的"Ch08\素材\制作脐橙线下海报\02"文件，使用选择工具 ▶ 选取需要的图形，按Ctrl+C快捷键复制图形。选择当前文档，按Ctrl+V快捷键将复制的图形粘贴到页面中，并拖曳到适当的位置，效果如图8-51所示。脐橙线下海报制作完成，效果如图8-52所示。

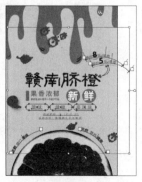

图8-51　　　　　　　　　图8-52

8.2.2　创建剪切蒙版

（1）使用"创建"命令制作蒙版

新建文档，选择"文件 > 置入"命令，在弹出的"置入"对话框中选择图像文件，如图8-53所示，单击"置入"按钮，图像出现在页面中，效果如图8-54所示。选择椭圆工具 ，在图像上绘制一个椭圆形制作蒙版，如图8-55所示。

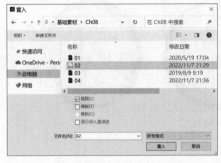
图8-53

图8-54

图8-55

使用选择工具 ▶，同时选中图像和椭圆形，如图8-56所示（作为蒙版的图形必须在图像的前面）。选择"对象 > 剪切蒙版 > 建立"命令（快捷键为Ctrl+7），创建剪切蒙版，图像在椭圆形蒙版外面的部分被隐藏，如图8-57所示。取消选取状态，蒙版效果如图8-58所示。

图8-56

图8-57

图8-58

（2）使用快捷菜单制作蒙版

使用选择工具 ▶ 选中图8-56中的图像和椭圆形，单击鼠标右键，在弹出的快捷菜单中选择"建立剪切蒙版"命令，制作出蒙版效果。

（3）使用"图层"面板中的命令制作蒙版

使用选择工具 ▶ 选中图8-56中的图像和椭圆形，单击"图层"面板右上方的 ≡ 按钮，在弹出的菜单中选择"建立剪切蒙版"命令，制作出蒙版效果。

8.2.3　编辑剪切蒙版

制作剪切蒙版后，还可对蒙版进行编辑，如查看蒙版、锁定蒙版、添加对象到蒙版和删除被蒙版的对象等。

1. 查看蒙版

使用选择工具 ▶ 选中蒙版图像，如图8-59所示。单击"图层"面板右上方的 ≡ 按钮，在弹出的菜单中选择"定位对象"命令，"图层"面板如图8-60所示，可以在"图层"面板中查看蒙版状态，也可以编辑蒙版。

2. 锁定蒙版

使用选择工具▶选中需要锁定的蒙版图像，如图8-61所示。选择"对象 > 锁定 > 所选对象"命令，可以锁定蒙版图像，效果如图8-62所示。

图8-59   图8-60   图8-61   图8-62

3. 添加对象到蒙版

选中要添加的对象，如图8-63所示。选择"编辑 > 剪切"命令，剪切该对象。使用直接选择工具▷选中被蒙版的对象，如图8-64所示。选择"编辑 > 贴在前面、贴在后面"命令，就可以将要添加的对象粘贴到被蒙版对象的前面或后面，并成为图形的一部分，贴在前面的效果如图8-65所示。

图8-63   图8-64   图8-65

4. 删除被蒙版的对象

选中被蒙版的对象，选择"编辑 > 清除"命令或按Delete键，即可删除被蒙版的对象。

在"图层"面板中选中被蒙版对象所在图层，再单击"图层"面板下方的"删除所选图层"按钮 🗑，也可删除被蒙版的对象。

8.3 "透明度"面板

在"透明度"面板中可以为对象添加透明度，还可以设置透明度的混合模式。

8.3.1 了解"透明度"面板

透明度是Illustrator中对象的一个重要外观属性。在"透明度"面板中可以给对象添加不透明度，还可以改变混合模式，从而制作出新的效果。

选择"窗口 > 透明度"命令（快捷键为Shift+Ctrl+F10），弹出"透明度"面板，如图8-66所示。单击面板右上方的 ≡ 按钮，在弹出的菜单中选择"显示缩览图"命令，可以将"透明度"面板中的缩览图显示出来，如图8-67所示；在弹出的菜单中选择"显示选项"命令，可以将"透明度"面板中的选项显示出来，如图8-68所示。

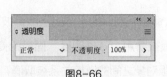
图8-66

图8-67

图8-68

1. "透明度"面板的表面属性

在图8-68所示的"透明度"面板中，当前选中对象的缩略图出现在其中。默认状态下，对象是完全不透明的。当"不透明度"选项设置为不同的数值时，效果如图8-69所示。

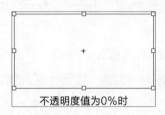
不透明度值为0%时

不透明度值为50%时

不透明度值为100%时

图8-69

选中"隔离混合"复选框：可以使不透明度设置只影响当前组合或图层中的其他对象。

选中"挖空组"复选框：可以使不透明度设置不影响当前组合或图层中的其他对象，但背景对象仍然受影响。

选中"不透明度和蒙版用来定义挖空形状"复选框：可以使用不透明度蒙版来定义对象的不透明度所产生的效果。

选中"图层"面板中要改变不透明度的图层，单击图层右侧的图标 ○，将其定义为目标图层，在"透明度"面板的"不透明度"选项中调整不透明度的数值，此时的调整会影响到整个图层不透明度的设置，包括此图层中已有的对象和将要绘制的任何对象。

2. "透明度"面板菜单命令

单击"透明度"面板右上方的 ≡ 按钮，弹出下拉菜单，如图8-70所示。

"建立不透明蒙版"命令可以将蒙版的不透明度设置应用到它所覆盖的所有对象中。

在页面中选中两个对象，如图8-71所示，在"透明度"面板菜单中选择"建立不透明蒙版"命令，面板的设置如图8-72所示，制作不透明蒙版的效果如图8-73所示。

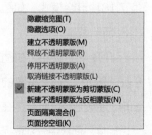
图8-70

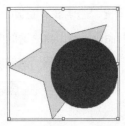
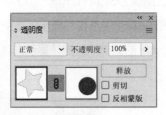
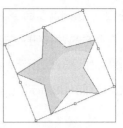

图8-71　　　　　　　　　　图8-72　　　　　　　　　　图8-73

在"透明度"面板菜单中，选择"释放不透明蒙版"命令，制作的不透明蒙版将被释放，对象恢复原来的效果；选择"停用不透明蒙版"命令，不透明蒙版被禁用，"透明度"面板的变化如图8-74所示；选择"取消链接不透明蒙版"命令，蒙版对象和被蒙版对象之间的链接关系被取消，面板中蒙版对象和被蒙版对象缩略图之间的"指示不透明蒙版链接到图稿"按钮 ⓪ 转换为"单击可将不透明蒙版链接到图稿"按钮 ⑧，如图8-75所示。

图8-74　　　　　　　　　　　　　　　图8-75

选中制作的不透明蒙版，选中"透明度"面板中的"剪切"复选框，如图8-76所示，不透明蒙版的效果如图8-77所示；只选中"透明度"面板中的"反相蒙版"复选框，如图8-78所示，不透明蒙版的效果如图8-79所示。

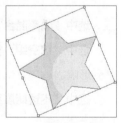

图8-76　　　　　　　图8-77　　　　　　　图8-78　　　　　　　图8-79

8.3.2　"透明度"面板中的混合模式

"透明度"面板中提供了16种混合模式，如图8-80所示。

打开一个文件，如图8-81所示，选择需要的图形，如图8-82所示。在"透明度"面板中分别选择不同的混合模式，效果如图8-83所示。

图8-80　　　　　　　图8-81　　　　　　　图8-82

图8-83

课堂练习——制作时尚杂志封面

练习知识要点 使用"置入"命令、矩形工具和"剪切蒙版"命令制作杂志背景，使用椭圆工具、直线段工具、文字工具和填充工具添加杂志名称和栏目信息。效果如图8-84所示。

素材所在位置 学习资源\Ch08\素材\制作时尚杂志封面\01。

效果所在位置 学习资源\Ch08\效果\制作时尚杂志封面.ai。

图8-84

课后习题——制作礼券

习题知识要点 使用"置入"命令置入底图，使用椭圆工具、"缩放"命令、渐变工具和圆角矩形工具制作装饰图形，使用矩形工具、"剪切蒙版"命令制作图片的剪切蒙版效果，使用文字工具、"字符"面板和"段落"面板添加文字。效果如图8-85所示。

素材所在位置 学习资源\Ch08\素材\制作礼券\01~04。

效果所在位置 学习资源\Ch08\效果\制作礼券.ai。

图8-85

第 9 章

混合与封套

本章介绍

本章将重点讲解混合和封套的制作方法。使用混合可以产生颜色和形状的混合，生成中间对象的逐级变形效果。使用封套可以用图形对象轮廓来约束其他对象的行为。

学习目标

● 熟练掌握混合对象的创建方法。

● 掌握"封套扭曲"命令的使用技巧。

技能目标

● 掌握"艺术设计展海报"的制作方法。

● 掌握"音乐节海报"的制作方法。

9.1 混合

混合可以创建一系列处于两个自由形状之间的路径，也就是一系列样式递变的过渡图形。混合可以在两个或两个以上的图形对象上使用。

9.1.1 课堂案例——制作艺术设计展海报

案例学习目标 学习使用混合工具制作文字混合效果。

案例知识要点 使用矩形工具、"渐变"面板绘制背景，使用文字工具、渐变工具、混合工具制作文字混合效果。艺术设计展海报效果如图9-1所示。

效果所在位置 学习资源\Ch09\效果\制作艺术设计展海报.ai。

图9-1

01 按Ctrl+N快捷键，弹出"新建文档"对话框，设置文档的宽度为600 px，高度为800 px，取向为竖向，颜色模式为"RGB颜色"，光栅效果为"屏幕（72 ppi）"，单击"创建"按钮，新建一个文档。

02 选择矩形工具▣，绘制一个与页面大小相同的矩形。双击渐变工具▣，弹出"渐变"面板，单击"线性渐变"按钮▣，在色带上设置两个渐变滑块，分别将渐变滑块的位置设为0%、100%，并设置RGB值分别为（0,64,151）、（154,124,181），其他选项的设置如图9-2所示，图形被填充为渐变色，并设置描边色为"无"，效果如图9-3所示。

03 选择文字工具**T**，在页面中输入需要的文字，选择选择工具▶，在属性栏中选择合适的字体并设置文字大小，效果如图9-4所示。选择"文字>创建轮廓"命令，将文字转换为轮廓，效果如图9-5所示。

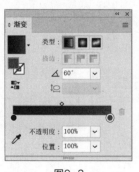
图9-2

图9-3

图9-4

图9-5

04 在"渐变"面板中单击"线性渐变"按钮▣，在色带上设置三个渐变滑块，分别将渐变滑块的位置设为0%、50%、100%，并设置RGB值分别为（168,44,255）、（255,128,225）、（66,176,253），其他选项的设置如图9-6所示，文字被填充为渐变色，效果如图9-7所示。按Shift+X快捷键，互换填色和描边，效果如图9-8所示。

05 选择选择工具▶，按Ctrl+C快捷键复制文字，按Ctrl+F快捷键将复制的文字粘贴在前面。微调复制出的文字到适当的位置，效果如图9-9所示。按Ctrl+C快捷键复制文字，作为备用。按住Shift键同时单击原渐变文字，将其同时选取，如图9-10所示。

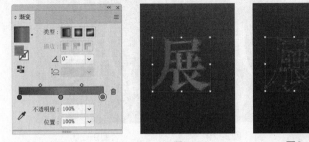

图9-6　　　　　　图9-7　　　　　　图9-8　　　　　　图9-9　　　　　　图9-10

06 双击混合工具，在弹出的"混合选项"对话框中进行设置，如图9-11所示，单击"确定"按钮；按Alt+Ctrl+B快捷键生成混合，取消选取状态，效果如图9-12所示。

07 选择选择工具，按Shift+Ctrl+V快捷键就地粘贴备用文字，如图9-13所示。按Shift+X快捷键，互换填色和描边，效果如图9-14所示。

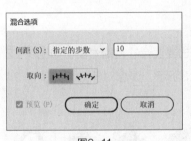

图9-11　　　　　　图9-12　　　　　　图9-13　　　　　　图9-14

08 在"渐变"面板中单击"线性渐变"按钮，在色带上设置两个渐变滑块，分别将渐变滑块的位置设为0%、100%，并设置RGB值分别为（0,64,151）、（154,124,181），其他选项的设置如图9-15所示，文字被填充为渐变色，效果如图9-16所示。

09 选择选择工具，按Ctrl+C快捷键复制文字，按Ctrl+F快捷键将复制的文字粘贴在前面。微调复制出的文字到适当的位置，设置填充文字为白色，效果如图9-17所示。

图9-15　　　　　　图9-16

10 按Ctrl+O快捷键，打开学习资源中的"Ch09\素材\制作艺术设计展海报\01"文件，选取需要的图形，按Ctrl+C快捷键复制图形。选择当前文档，按Ctrl+V快捷键将复制的图形粘贴到页面中，并拖曳复制出的图形到适当的位置，效果如图9-18所示。

11 连续按Ctrl+[快捷键，将图形向后移至适当的位置，效果如图9-19所示。艺术设计展海报制作完成，效果如图9-20所示。

图9-17

图9-18

图9-19

图9-20

9.1.2 创建与释放混合对象

选择混合命令可以对整个图形、部分路径或控制点进行混合。混合对象后，中间各级路径上的点的数量、位置及点之间线段的性质取决于起始对象和终点对象上点的数目，同时还取决于在每个路径上指定的特定点。

1. 创建混合对象

（1）应用混合工具创建混合对象

要进行混合的两个对象，如图9-21所示。选择混合工具，单击要混合的起始对象，如图9-22所示。单击另一个要混合的对象，将它设置为目标对象，如图9-23所示，混合对象效果如图9-24所示。

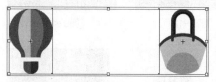
图9-21

图9-22

图9-23

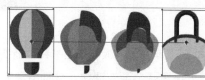
图9-24

（2）应用命令创建混合对象

选择选择工具，选取要进行混合的对象。选择"对象 > 混合 > 建立"命令（快捷键为Alt+Ctrl+B），绘制出混合对象。

2. 创建混合路径

选择选择工具，选取要进行混合的对象，如图9-25所示。选择混合工具，单击要混合的起始路径上的某一锚点，如图9-26所示。单击另一个要混合的路径上的某一锚点，将这个路径设置为目标路径，如图9-27所示，绘制出混合路径，效果如图9-28所示。

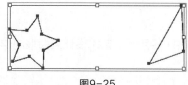
图9-25

图9-26

图9-27

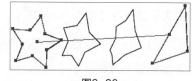
图9-28

提示 在起始路径和目标路径上单击的锚点不同，所得出的混合效果也不同。

3. 继续混合其他对象

　　选择混合工具 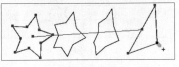，单击混合路径中最后一个混合对象路径上的锚点，如图9-29所示。单击想要添加的其他路径上的锚点，如图9-30所示。继续混合对象后的效果如图9-31所示。

图9-29

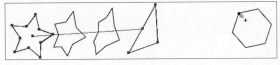

图9-30

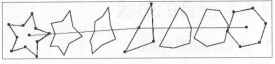

图9-31

4. 释放混合对象

　　选择选择工具 ▶，选取一组混合对象，如图9-32所示。选择"对象 > 混合 > 释放"命令（快捷键为Alt+Shift+Ctrl+B），释放混合对象，效果如图9-33所示。

图9-32

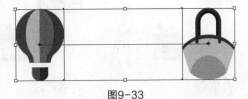

图9-33

5. 使用"混合选项"对话框

　　选择选择工具 ▶，选取要进行混合的对象，如图9-34所示。选择"对象 > 混合 > 混合选项"命令，弹出"混合选项"对话框，在"间距"下拉列表中选择"平滑颜色"，如图9-35所示，可以使混合的颜色保持平滑；在"间距"下拉列表中选择"指定的步数"，可以设置混合对象的步骤数，如图9-36所示；在"间距"下拉列表中选择"指定的距离"选项，可以设置混合对象间的距离，如图9-37所示。

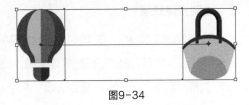

图9-34

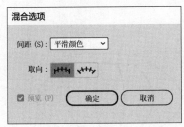

图9-35

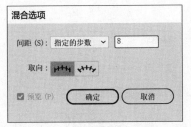

图9-36

图9-37

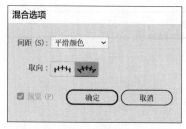

图9-38

在对话框的"取向"选项组中,有"对齐页面"和"对齐路径"两个选项可以选择,选择后者,如图9-38所示,单击"确定"按钮。选择"对象 > 混合 > 建立"命令,将对象混合,效果如图9-39所示。

图9-39

9.1.3 混合的形状

1. 多个对象的混合变形

页面上有4个形状不同的对象,如图9-40所示。

选择混合工具 ,单击最上方的对象,接着按照顺时针的方向依次单击其余对象,这样每个对象都被混合了,效果如图9-41所示。

图9-40

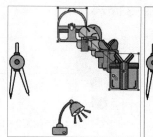 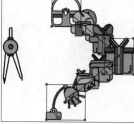 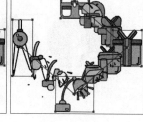

图9-41

2. 绘制立体效果

选择钢笔工具 ,在页面上绘制灯笼的上底、下底和边缘线,如图9-42所示。选取灯笼的左右两条边缘线,如图9-43所示。

选择"对象 > 混合 > 混合选项"命令,弹出"混合选项"对话框,在"间距"下拉列表中选择"指定的步数",设置数值框中的数值为4,在"取向"选项组中选择"对齐页面"选项,如图9-44所示,单击"确定"按钮。选择"对象 > 混合 > 建立"命令,灯笼的立体效果即绘制完成,效果如图9-45所示。

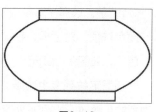

图9-42

图9-43

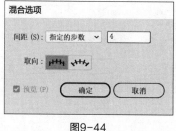

图9-44

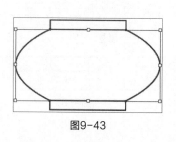

图9-45

9.1.4　编辑混合路径

在制作混合对象之前，需要修改混合选项，否则系统将采用默认的设置建立混合对象。

混合对象得到的图形由混合路径相连接，自动创建的混合路径默认是直线，如图9-46所示，可以对这条混合路径进行编辑。编辑混合路径可以添加、减少控制点，以及扭曲混合路径，也可将直角控制点转换为曲线控制点。

图9-46

选择"对象 > 混合 > 混合选项"命令，弹出"混合选项"对话框，"间距"下拉列表中包括3个选项，如图9-47所示。

"平滑颜色"选项： 按进行混合的两个对象的颜色和形状来确定混合的步数。为默认的选项。效果如图9-48所示。

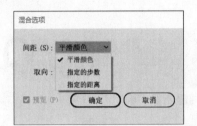

图9-47

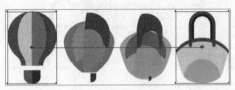

图9-48

"指定的步数"选项： 控制混合的步数。当"指定的步数"选项设置为2时，效果如图9-49所示；当"指定的步数"选项设置为6时，效果如图9-50所示。

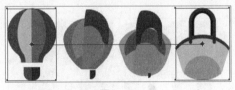

图9-49

图9-50

"指定的距离"选项： 控制每一步混合的距离。当"指定的距离"选项设置为25时，效果如图9-51所示；当"指定的距离"选项设置为2时，效果如图9-52所示。

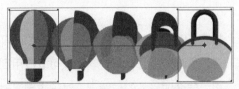

图9-51

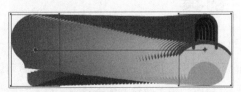

图9-52

如果想将混合对象和外部路径结合，将其同时选取，选择"对象 > 混合 > 替换混合轴"命令，可以替换混合对象中的混合路径，混合前后的效果对比如图9-53和图9-54所示。

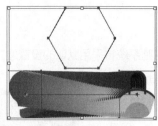
图9-53

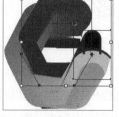
图9-54

9.1.5 操作混合对象

1. 改变混合对象的重叠顺序

选取混合对象，选择"对象 > 混合 > 反向堆叠"命令，混合对象的重叠顺序将被改变，改变前后的效果对比如图9-55和图9-56所示。

图9-55

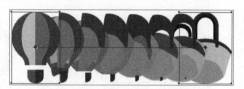
图9-56

2. 扩展混合对象

选取混合对象，选择"对象 > 混合 > 扩展"命令，混合对象将被扩展，扩展前后的效果对比如图9-57和图9-58所示。

图9-57

图9-58

9.2 封套

当对一个对象使用封套时，对象就像被放入一个特定的容器中，封套使对象发生相应的变化。Illustrator 2022中提供了不同形状的封套，用其可以改变选取对象的形状。封套不仅可以应用到选取的图形上，还可以应用于路径、复合路径、文本对象、网格、混合或导入的位图上。对于应用了封套的对象，还可以对其进行一定的编辑。

9.2.1 课堂案例——制作音乐节海报

案例学习目标 学习使用绘图工具和"封套扭曲"命令制作音乐节海报。

案例知识要点 使用添加锚点工具和锚点工具添加并编辑锚点，使用极坐标网格工具、渐变工具、"用网格建立"命令和直接选择工具制作装饰图形，使用矩形工具、"用变形建立"命令制作琴键。音乐节海报效果如图9-59所示。

效果所在位置 学习资源\Ch09\效果\制作音乐节海报.ai。

图9-59

01 按Ctrl+N快捷键，弹出"新建文档"对话框，设置文档的宽度为1080 px，高度为1440 px，取向为竖向，颜色模式为"RGB颜色"，单击"创建"按钮，新建一个文档。

02 选择矩形工具 ▦，绘制一个与页面大小相同的矩形，设置填充色为土黄色（RGB值为250、233、217），描边色为"无"，效果如图9-60所示。

03 使用矩形工具 ▦ 在适当的位置再绘制一个矩形，设置填充色为深蓝色（RGB值为47、50、139），描边色为"无"，效果如图9-61所示。

04 选择添加锚点工具 ⟋，在矩形上边适当的位置单击，添加一个锚点，如图9-62所示。选择直接选择工具 ▷，按住Shift键的同时单击右侧的锚点将其同时选取，向下拖曳选中的锚点到适当的位置，如图9-63所示。

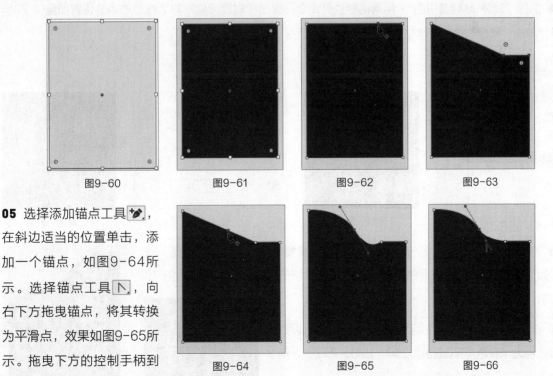

图9-60　　　　图9-61　　　　图9-62　　　　图9-63

05 选择添加锚点工具 ⟋，在斜边适当的位置单击，添加一个锚点，如图9-64所示。选择锚点工具 ⟍，向右下方拖曳锚点，将其转换为平滑点，效果如图9-65所示。拖曳下方的控制手柄到适当的位置，调整其弧度，效果如图9-66所示。

图9-64　　　　图9-65　　　　图9-66

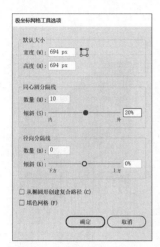

图9-67

06 选择极坐标网格工具，在页面中单击，弹出"极坐标网格工具选项"对话框，设置如图9-67所示，单击"确定"按钮，出现一个极坐标网格。选择选择工具，拖曳极坐标网格到适当的位置，效果如图9-68所示。

图9-68

07 在属性栏中将"描边粗细"选项设置为3 pt，效果如图9-69所示。双击渐变工具，弹出"渐变"面板，单击"线性渐变"按钮，在色带上设置4个渐变滑块，分别将渐变滑块的位置设为0%、33%、70%、100%，并设置RGB值分别为（68,71,153）、（88,65,150）、（124,62,147）、（186,56,147），其他选项的设置如图9-70所示，图形描边被填充为渐变色，效果如图9-71所示。

图9-69

08 选择"对象 > 封套扭曲 > 用网格建立"命令，弹出"封套网格"对话框，选项的设置如图9-72所示，单击"确定"按钮，建立网格封套，效果如图9-73所示。

图9-70

图9-71

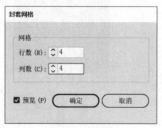

图9-72

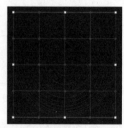

图9-73

09 选择直接选择工具，选中并拖曳封套上需要的锚点到适当的位置，效果如图9-74所示。用相同的方法对其他锚点进行扭曲变形，效果如图9-75所示。

10 选择矩形工具，在页面外绘制一个矩形，设置填充色为米黄色（RGB值为250、233、217），描边色为"无"，效果如图9-76所示。

11 选择选择工具，按住Alt+Shift组合键的同时水

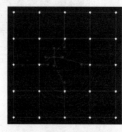

图9-74

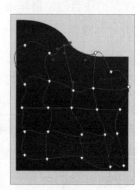

图9-75

平向右拖曳矩形到适当的位置，复制出一个矩形，效果如图9-77所示。选择矩形工具 ，在适当的位置绘制一个矩形，设置填充色为黑色，描边色为"无"，效果如图9-78所示。

12 选择选择工具 ，用框选的方法将所绘制的矩形同时选取，按Ctrl+G快捷键将其编组，如图9-79所示。按住Alt+Shift组合键的同时水平向右拖曳编组图形到适当的位置，复制出一个编组图形，效果如图9-80所示。连续按Ctrl+D快捷键，复制出多个图形，效果如图9-81所示。

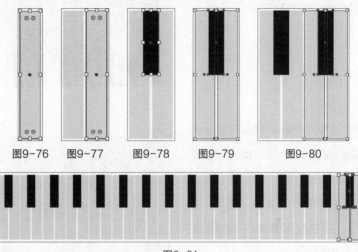

图9-76　　图9-77　　图9-78　　图9-79　　图9-80

图9-81

13 选择选择工具 ，用框选的方法将图9-81中的图形同时选取，按Ctrl+G快捷键将其编组，如图9-82所示。

图9-82

14 双击镜像工具 ，弹出"镜像"对话框，选项的设置如图9-83所示；单击"复制"按钮，复制并镜像图形，效果如图9-84所示。

镜像

轴
○ 水平 (H)
○ 垂直 (V)
○ 角度 (A)：　0°

选项
☑ 变换对象 (O)　☐ 变换图案 (T)

☑ 预览 (P)

复制 (C)　　确定　　取消

图9-83

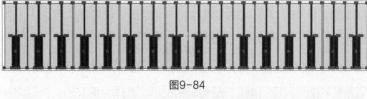

图9-84

15 选择选择工具 ，按住Shift键的同时垂直向下拖曳镜像复制出的图形到适当的位置，效果如图9-85所示。

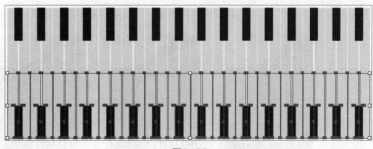

图9-85

16 选择选择工具 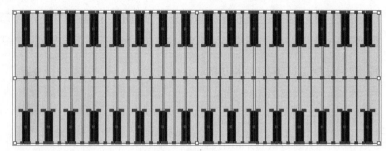，按住Shift键的同时单击原编组图形将其同时选取，如图9-86所示。

图9-86

17 选择"对象 > 封套扭曲 > 用变形建立"命令，弹出"变形选项"对话框，选项的设置如图9-87所示，单击"确定"按钮，建立鱼形封套，效果如图9-88所示。

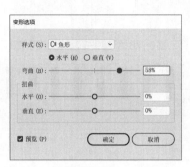

图9-87

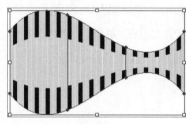

图9-88

18 选择"对象 > 封套扭曲 > 扩展"命令，扩展封套图形，如图9-89所示。按Shift+Ctrl+G快捷键，取消图形编组。选取下方的鱼形封套，如图9-90所示，按Delete键将其删除，如图9-91所示。

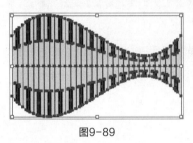

图9-89

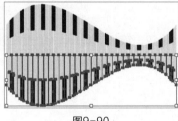

图9-90

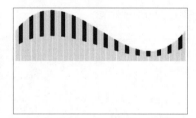

图9-91

19 选择选择工具 ，选取上方的鱼形封套，并将其拖曳到页面中适当的位置，效果如图9-92所示。选择矩形工具 ，在适当的位置绘制一个矩形，设置描边色为深蓝色（RGB值为47、50、139），填充色为"无"，效果如图9-93所示。

20 按Ctrl+O快捷键，打开学习资源中的"Ch09\素材\制作音乐节海报\01"文件，选择选择工具 ，选取需要的图形，按Ctrl+C快捷键复制图形。选择当前文档，按Ctrl+V快捷键将复制的图形粘贴到页面中，并拖曳到适当的位置，效果如图9-94所示。音乐节海报制作完成，效果如图9-95所示。

图9-92

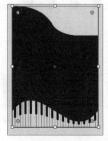

图9-93

图9-94

图9-95

9.2.2　创建封套

当需要使用封套来改变对象的形状时，可以使用预设的封套形状或使用网格工具调整对象，还可以使用自定义图形作为封套。注意，该图形必须处于所有对象的最前方。

（1）使用预设的形状创建封套

选中对象，选择"对象 > 封套扭曲 > 用变形建立"命令（快捷键为Alt+Shift+Ctrl+W），弹出"变形选项"对话框，如图9-96所示。

"样式"下拉列表中提供了15种封套形状，如图9-97所示，可根据需要选择。

"水平"单选按钮和"垂直"单选按钮用来指定封套形状的放置位置。选中一个单选项后，在"弯曲"选项中设置对象的弯曲程度，可以设置应用封套形状在水平或垂直方向上的弯曲比例。选中"预览"复选框，预览设置的封套效果，单击"确定"按钮，即可将设置好的封套应用到选取的对象上，图形应用封套前后的对比效果如图9-98所示。

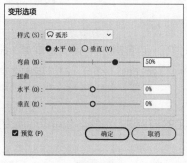
图9-96

图9-97

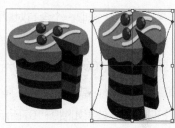
图9-98

（2）使用网格建立封套

选中对象，选择"对象 > 封套扭曲 > 用网格建立"命令（快捷键为Alt+Ctrl+M），弹出"封套网格"对话框。在"行数"和"列数"数值框中，可以根据需要输入网格的行数和列数，如图9-99所示，单击"确定"按钮，设置完成的网格封套将应用到选取的对象上，如图9-100所示。

设置完成的网格封套还可以使用网格工具▦进行编辑。选择网格工具▦，单击网格封套对象，即可增加对象上的网格数，如图9-101所示。按住Alt键的同时单击对象上的网格点或网格线，可以减少网格封套的行数或列数。用网格工具▦拖曳网格点可以改变对象的形状，如图9-102所示。

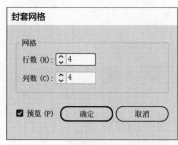
图9-99

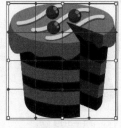
图9-100

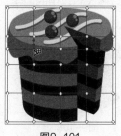
图9-101

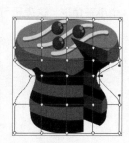
图9-102

（3）使用路径建立封套

同时选中对象和想要用来作为封套的路径（这个路径必须处于所有对象的最前方），如图9-103所示。选择"对象 > 封套扭曲 > 用顶层对象建立"命令（快捷键为Alt+Ctrl+C），使用路径创建的封套效果如图9-104所示。

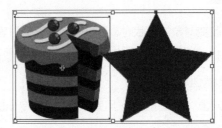
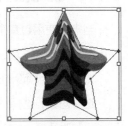

图9-103　　　　　　　　图9-104

9.2.3 编辑封套

用户可以对创建的封套进行编辑。由于创建的封套对象是将封套和对象组合在一起的，所以用户既可以编辑封套，也可以编辑对象，但是不能同时编辑两者。

1. 编辑封套形状

选择选择工具，选取一个含有对象的封套。选择"对象 > 封套扭曲 > 用变形重置"命令或"用网格重置"命令，弹出"变形选项"对话框或"重置封套网格"对话框，这时，可以根据需要重新设置封套类型，效果如图9-105和图9-106所示。

选择直接选择工具或使用网格工具可以拖曳封套上的锚点进行编辑。还可以使用变形工具对封套进行扭曲变形，效果如图9-107所示。

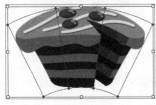
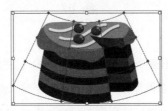
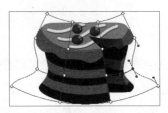

图9-105　　　　　　　图9-106　　　　　　　图9-107

2. 编辑封套内的对象

选择选择工具，选取含有封套的对象，如图9-108所示。选择"对象 > 封套扭曲 > 编辑内容"命令，对象将会显示原来的选择框，如图9-109所示。这时在"图层"面板中的封套图层左侧将显示一个小三角形，这表示可以修改封套中的内容，如图9-110所示。

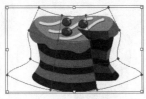
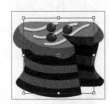

图9-108　　　　　　图9-109　　　　　　图9-110

9.2.4 设置封套属性

对封套进行设置，可以使封套更符合图形绘制的要求。

选择一个封套对象，选择"对象 > 封套扭曲 > 封套选项"命令，弹出"封套选项"对话框，如图9-111所示。

图9-111

选中"消除锯齿"复选框，可以在使用封套变形时防止产生锯齿，保持图形的清晰度。当用非矩形封套扭曲对象时，可选择"剪切蒙版"或"透明度"两种形式保留其形状，选中"剪切蒙版"单选按钮可以在封套上使用剪切蒙版，选中"透明度"单选按钮可以对封套应用Alpha通道。"保真度"选项用于设置对象适合封套的保真度。选中"扭曲外观"复选框后，下方的两个选项将被激活。"扭曲外观"复选框可使对象具有扭曲外观属性，如应用了特殊效果，对象也随着发生扭曲变形。"扭曲线性渐变填充"和"扭曲图案填充"复选框，分别用于对扭曲对象进行线性渐变填充和图案填充。

课堂练习——制作火焰贴纸

练习知识要点　使用星形工具、"圆角"命令绘制多角星形，使用椭圆工具、"描边"面板制作虚线，使用钢笔工具、混合工具制作火焰。效果如图9-112所示。

效果所在位置　学习资源\Ch09\效果\制作火焰贴纸.ai。

图9-112

课后习题——制作促销海报

习题知识要点　使用文字工具、"封套扭曲"命令、渐变工具和"高斯模糊"命令添加并编辑标题文字，使用文字工具、"字符"面板添加宣传性文字，使用圆角矩形工具、"描边"命令绘制虚线框。效果如图9-113所示。

素材所在位置　学习资源\Ch09\素材\制作促销海报\01。

效果所在位置　学习资源\Ch09\效果\制作促销海报.ai。

图9-113

第 10 章

效果的使用

本章介绍

本章将主要讲解Illustrator 2022中强大的效果功能。通过本章的学习，读者可以掌握效果的使用方法，并把丰富的图形效果应用到设计中。

学习目标

● 了解Illustrator 2022的"效果"菜单。

● 掌握重复应用效果命令的使用方法。

● 掌握Illustrator效果的使用方法。

● 掌握Photoshop效果的使用方法。

● 掌握"图形样式"面板的使用技巧。

技能目标

● 掌握"矛盾空间效果Logo"的制作方法。

● 掌握"国画展览海报"的制作方法。

10.1 效果简介

在Illustrator 2022中，使用效果命令可以快速地处理图像。所有的效果命令都放置在"效果"菜单下，如图10-1所示。

"效果"菜单包括4个部分。第1部分是重复应用上一个效果的命令，第2部分是文档栅格效果的设置，第3部分是Illustrator矢量效果命令，第4部分是Photoshop栅格效果命令，可以将它们应用于矢量图形或位图图像。

10.2 重复应用效果命令

"效果"菜单的第1部分有两个命令，分别是"应用上一个效果"命令和"上一个效果"命令。当没有使用过任何效果时，这两个命令灰色显示为不可用状态，如图10-2所示。当使用过效果后，这两个命令将显示为上次所使用过的效果命令。例如，如果上次使用过"效果 > 扭曲和变换 > 扭转"命令，那么命令将变为图10-3所示的命令。

图10-1

| 应用上一个效果 | Shift+Ctrl+E |
| 上一个效果 | Alt+Shift+Ctrl+E |

图10-2

| 应用"扭转"(A) | Shift+Ctrl+E |
| 扭转… | Alt+Shift+Ctrl+E |

图10-3

选择"应用上一个效果"命令可以直接使用上次效果操作所设置好的数值，把效果添加到图像上。打开文件，如图10-4所示，使用"效果 > 扭曲和变换 > 扭转"命令，设置扭曲度为40°，如图10-5所示。选择"应用'扭转'"命令，可以保持第1次设置的数值不变，使图像再次扭曲40°，如图10-6所示。

选择"扭转"命令，将弹出"扭转"对话框，可以重新输入新的数值，如图10-7所示，单击"确定"按钮，得到的效果如图10-8所示。

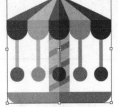

图10-4

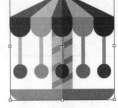

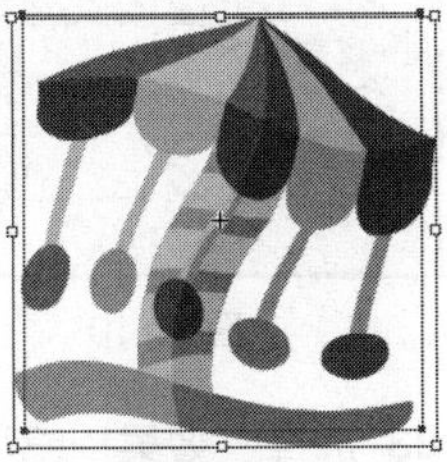

图10-5

图10-6

图10-7

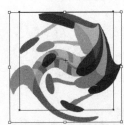

图10-8

10.3 Illustrator效果

Illustrator效果为矢量效果。它可以同时应用于矢量图形和位图图像。它包括10个效果组，有些效果组又包括多个效果。

10.3.1 课堂案例——制作矛盾空间效果Logo

案例学习目标 学习使用"3D和材质"命令、"路径查找器"面板制作矛盾空间效果Logo。

案例知识要点 使用矩形工具、"凸出和斜角（经典）"命令、吸管工具、"路径查找器"面板和渐变工具等制作矛盾空间效果Logo，使用文字工具输入Logo文字。矛盾空间效果Logo如图10-9所示。

效果所在位置 学习资源\Ch10\效果\制作矛盾空间效果Logo.ai。

图10-9

01 按Ctrl+N快捷键，弹出"新建文档"对话框，设置文档的宽度为800 px，高度为600 px，取向为横向，颜色模式为"RGB颜色"，光栅效果为"屏幕（72 ppi）"，单击"创建"按钮，新建一个文档。

02 选择矩形工具，在页面中单击，弹出"矩形"对话框，选项的设置如图10-10所示，单击"确定"按钮，出现一个正方形。选择选择工具，拖曳正方形到适当的位置，效果如图10-11所示。设置填充色为蓝色（RGB值为109、213、250），描边色为"无"，效果如图10-12所示。

图10-10

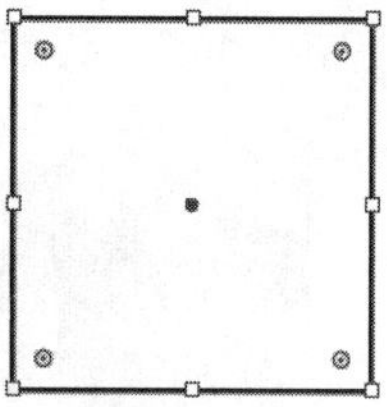

图10-11

图10-12

03 选择"效果 > 3D和材质 > 3D（经典） > 凸出和斜角（经典）"命令，弹出"3D凸出和斜角选项（经典）"对话框，设置如图10-13所示，单击"确定"按钮，效果如图10-14所示。选择"对象 > 扩展外观"命令，扩展图形外观，效果如图10-15所示。

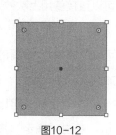

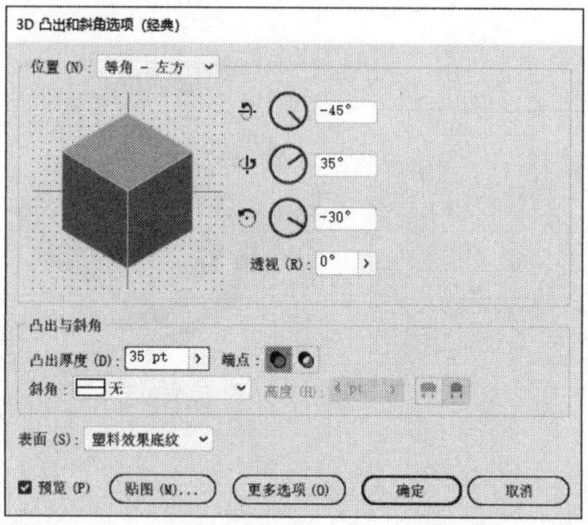

图10-13

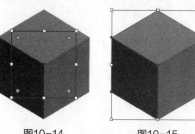

图10-14

图10-15

04 选择直接选择工具 ，用框选的方法将长方体下方需要的锚点同时选取，如图10-16所示，向下拖曳锚点到适当的位置，效果如图10-17所示。

05 选择选择工具 ，按住Alt+Shift组合键的同时水平向右拖曳图形到适当的位置，复制出一个图形，效果如图10-18所示。

06 选择直接选择工具 ，用框选的方法将右侧长方体下方需要的锚点同时选取，如图10-19所示，向上拖曳锚点到适当的位置，效果如图10-20所示。

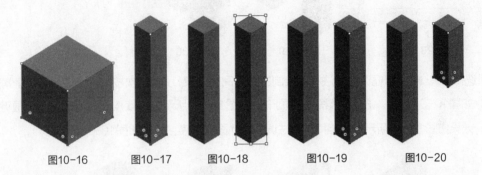

图10-16　　　图10-17　　　图10-18　　　图10-19　　　图10-20

07 选择选择工具 ，用框选的方法将两个长方体同时选取，如图10-21所示，再次单击左侧长方体将其作为参照对象，如图10-22所示，在属性栏中单击"垂直居中对齐"按钮 ，对齐效果如图10-23所示。

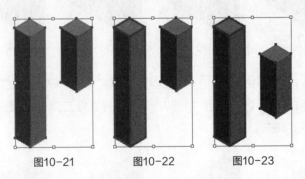

图10-21　　　　　　图10-22　　　　　　图10-23

08 选择选择工具 ，选取右侧的长方体，如图10-24所示，按住Alt键的同时向左上角拖曳图形到适当的位置，复制出一个图形，效果如图10-25所示。

09 选择"窗口 > 变换"命令，弹出"变换"面板，将"旋转"选项设为60°，如图10-26所示，并拖曳旋转移动到适当的位置，效果如图10-27所示。

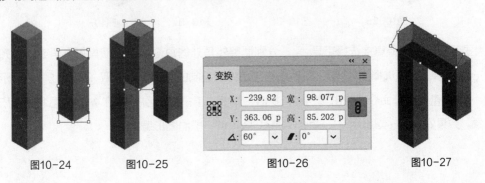

图10-24　　　　图10-25　　　　图10-26　　　　图10-27

10 双击镜像工具 ▷◁，弹出"镜像"对话框，选项的设置如图10-28所示；单击"复制"按钮，复制并镜像图形，效果如图10-29所示。

选择选择工具 ▶，按住Shift键的同时垂直向下拖曳复制出的图形到适当的位置，效果如图10-30所示。

图10-28

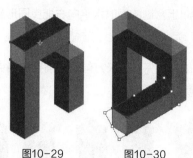

图10-29　图10-30

11 选择选择工具 ▶，用框选的方法将所绘制的图形同时选取，连续3次按Shift+Ctrl+G快捷键取消图形编组，如图10-31所示。选取左侧需要的图形，如图10-32所示，连续按Shift+Ctrl+] 快捷键将其置于顶层，效果如图10-33所示。用相同的方法调整其他图形顺序，效果如图10-34所示。

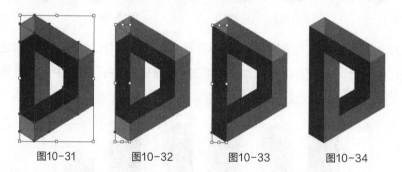

图10-31　　　　图10-32　　　　图10-33　　　　图10-34

12 选取上方需要的图形，如图10-35所示。选择吸管工具 ✐，将吸管图标 ✐ 放置在右侧需要的图形上，如图10-36所示，单击吸取属性，如图10-37所示。选择选择工具 ▶，按Shift+Ctrl+] 快捷键将其置于顶层，效果如图10-38所示。

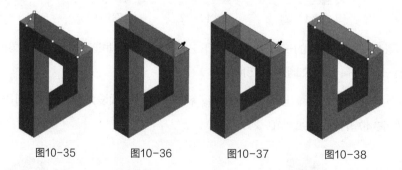

图10-35　　　　图10-36　　　　图10-37　　　　图10-38

13 放大显示视图。选择直接选择工具 ▷，分别调整转角处的每个锚点，使其每个角或边对齐，效果如图10-39所示。选择选择工具 ▶，用框选的方法将所绘制的图形同时选取，如图10-40所示。选择"窗口 > 路径查找器"命令，弹出"路径查找器"面板，单击"分割"按钮 ▣，如图10-41所示，生成新对象，效果如图10-42所示。按Shift+Ctrl+G快捷键，取消图形编组。

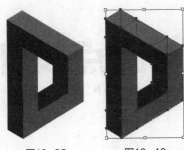

图10-39　　　　图10-40

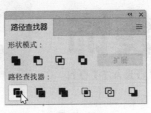

图10-41

图10-42

14 选择选择工具 ▶️，按住Shift键的同时依次单击选取需要的图形，如图10-43所示。在"路径查找器"面板中，单击"联集"按钮 ▣，如图10-44所示，生成新的对象，效果如图10-45所示。

图10-43

图10-44

图10-45

15 双击渐变工具 ▣，弹出"渐变"面板，单击"线性渐变"按钮 ▣，在色带上设置三个渐变滑块，分别将渐变滑块的位置设为0%、36%、100%，并设置RGB值分别为（41,105,176）、（41,128,185）、（109,213,250），其他选项的设置如图10-46所示，图形被填充为渐变色，效果如图10-47所示。用相同的方法合并其他形状，并填充相应的渐变色，效果如图10-48所示。

图10-46

图10-47

图10-48

16 选择选择工具 ▶️，用框选的方法将所绘制的图形全部选取，按Ctrl+G快捷键将其编组，如图10-49所示。

17 选择文字工具 T，在页面中分别输入需要的文字，选择选择工具 ▶️，在属性栏中分别选择合适的字体并设置文字大小，效果如图10-50所示。

图10-49

图10-50

18 选取下方字母，按Alt+ →快捷键，适当调整文字间距，效果如图10-51所示。矛盾空间效果Logo制作完成，效果如图10-52所示。

图10-51

图10-52

10.3.2 "3D和材质"效果组

"3D和材质"效果组如图10-53所示，可以将开放路径、封闭路径或位图图像转换为可以旋转、打光和投影的三维对象。

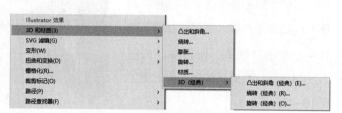

图10-53

"3D和材质"效果组中各效果的效果如图10-54所示。

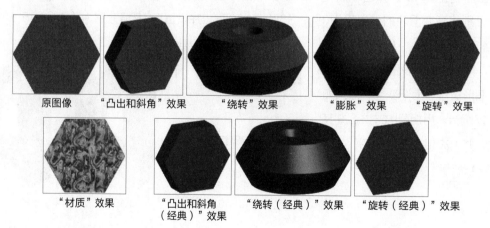

原图像　　"凸出和斜角"效果　　"绕转"效果　　"膨胀"效果　　"旋转"效果

"材质"效果　　"凸出和斜角（经典）"效果　　"绕转（经典）"效果　　"旋转（经典）"效果

图10-54

10.3.3 "变形"效果组

"变形"效果组如图10-55所示，能使对象扭曲或变形，可作用的对象有路径、文本、网格、混合和栅格图像。

图10-55

"变形"效果组中各效果的效果如图10-56所示。

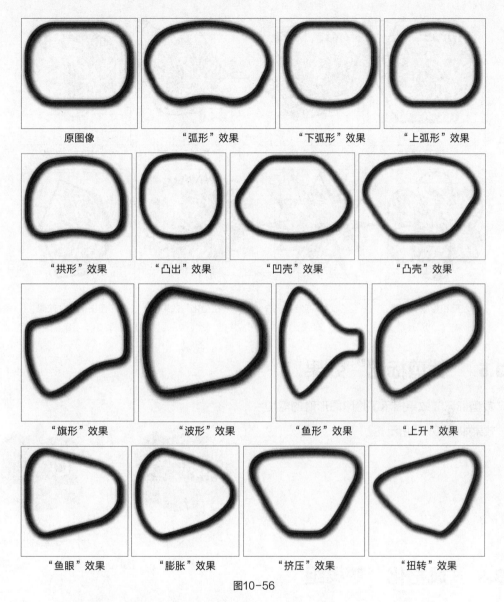

图10-56

10.3.4　"扭曲和变换"效果组

"扭曲和变换"效果组如图10-57所示，可以使图像产生各种扭曲变形的效果，包括7个效果命令。

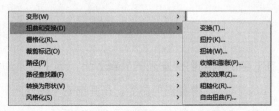

图10-57

"扭曲和变换"效果组中各效果的效果如图10-58所示。

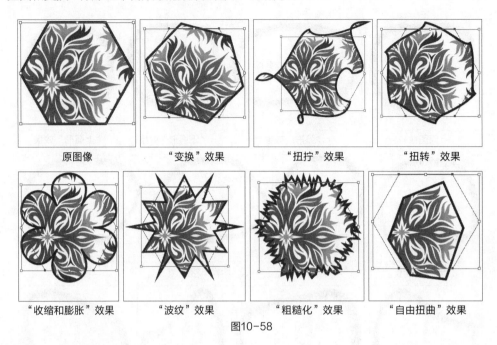

原图像　　　　"变换"效果　　　　"扭拧"效果　　　　"扭转"效果

"收缩和膨胀"效果　　　"波纹"效果　　　"粗糙化"效果　　　"自由扭曲"效果

图10-58

10.3.5　"裁剪标记"效果

"裁剪标记"效果指示了打印图形时的剪切位置，效果如图10-59所示。

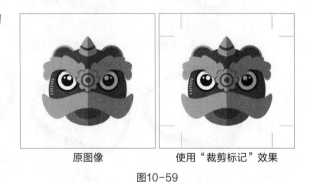

原图像　　　　　　使用"裁剪标记"效果

图10-59

10.3.6　"风格化"效果组

"风格化"效果组如图10-60所示，可以增强对象的外观效果。

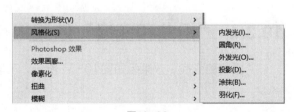

图10-60

1. "内发光"效果

"内发光"效果可以在对象的内部创建发光的外观效果。选中要添加内发光效果的对象，如图10-61所示，选择"效果 > 风格化 > 内发光"命令，在弹出的"内发光"对话框中设置数值，如图10-62所示，单击"确定"按钮，对象的内发光效果如图10-63所示。

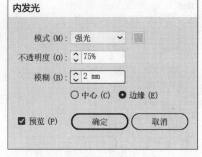

图10-61　　　　　　　　　　图10-62　　　　　　　　　　图10-63

2. "圆角"效果

　　"圆角"效果可以为对象添加圆角效果。选中要添加圆角效果的对象，如图10-64所示，选择"效果 > 风格化 > 圆角"命令，在弹出的"圆角"对话框中设置数值，如图10-65所示，单击"确定"按钮，对象的圆角效果如图10-66所示。

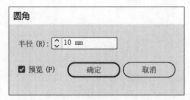

图10-64　　　　　　　　　　图10-65　　　　　　　　　　图10-66

3. "外发光"效果

　　"外发光"效果可以在对象的外部创建发光的外观效果。选中要添加外发光效果的对象，如图10-67所示，选择"效果 > 风格化 > 外发光"命令，在弹出的"外发光"对话框中设置数值，如图10-68所示，单击"确定"按钮，对象的外发光效果如图10-69所示。

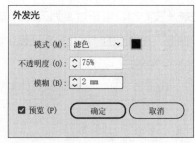

图10-67　　　　　　　　　　图10-68　　　　　　　　　　图10-69

4. "投影"效果

　　"投影"效果可以为对象添加投影。选中要添加投影效果的对象，如图10-70所示，选择"效果 > 风格化 > 投影"命令，在弹出的"投影"对话框中设置数值，如图10-71所示，单击"确定"按钮，对象的投影效果如图10-72所示。

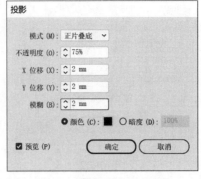

图10-70 图10-71 图10-72

5. "涂抹"效果

"涂抹"效果可以将对象转换为类似手绘的笔刷效果。选中要添加涂抹效果的对象，如图10-73所示，选择"效果 > 风格化 > 涂抹"命令，在弹出的"涂抹选项"对话框中设置数值，如图10-74所示，单击"确定"按钮，对象的涂抹效果如图10-75所示。

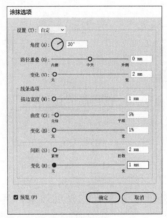

图10-73 图10-74 图10-75

6. "羽化"效果

"羽化"效果可以将对象的边缘从实心颜色逐渐过渡为无色。选中要羽化的对象，如图10-76所示，选择"效果 > 风格化 > 羽化"命令，在弹出的"羽化"对话框中设置数值，如图10-77所示，单击"确定"按钮，对象的羽化效果如图10-78所示。

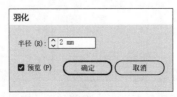

图10-76 图10-77 图10-78

10.4 Photoshop效果

Photoshop效果为栅格效果，用来生成像素的效果。它可以同时应用于矢量图形和位图图像。它包括1个"效果画廊"和9个效果组，有些效果组又包括多个效果。

10.4.1 课堂案例——制作国画展览海报

案例学习目标 学习使用文字工具、"模糊"命令制作国画展览海报。

案例知识要点 使用文字工具、"创建轮廓"命令、"释放复合路径"命令和删除锚点工具添加并编辑标题文字，使用"高斯模糊"命令为文字笔画添加模糊效果。国画展览海报效果如图10-79所示。

效果所在位置 学习资源\Ch10\效果\制作国画展览海报.ai。

图10-79

01 按Ctrl+O快捷键，打开学习资源中的"Ch10\素材\制作国画展览海报\01"文件，如图10-80所示。选择文字工具 T，在页面中输入需要的文字，选择选择工具 ，在属性栏中选择合适的字体并设置文字大小，效果如图10-81所示。

02 选择"文字 > 创建轮廓"命令，将文字转换为轮廓，效果如图10-82所示。按Shift+Ctrl+G快捷键，取消文字编组。按Alt+Shift+Ctrl+8快捷键，释放复合路径，效果如图10-83所示。

图10-80

图10-81

图10-82

图10-83

03 选择选择工具 ，按Shift键的同时依次单击将"玉"字所有笔画同时选取，如图10-84所示，按Delete键将其删除，效果如图10-85所示。

04 选择文字工具 T，在适当的位置输入需要的文字，选择选择工具 ，在属性栏中选择合适的字体并设置文字大小，效果如图10-86所示。

图10-84

图10-85

图10-86

05 选择"文字 > 创建轮廓"命令，将文字转换为轮廓，效果如图10-87所示。按Shift+Ctrl+G快捷键，取消文字编组。按Alt+Shift+Ctrl+8快捷键，释放复合路径，效果如图10-88所示。

06 选择选择工具 ▶，按Shift键的同时选取不需要的笔画，如图10-89所示，按Delete键将其删除，效果如图10-90所示。

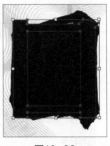

图10-87　　　　　　　图10-88　　　　　　　图10-89　　　　　　　图10-90

07 选择删除锚点工具 ✎，分别在"王"字不需要的锚点上单击，删除锚点，效果如图10-91所示。选择选择工具 ▶，选取需要的笔画，如图10-92所示。

08 选择"效果 > 模糊 > 高斯模糊"命令，在弹出的"高斯模糊"对话框中进行设置，如图10-93所示；单击"确定"按钮，图像效果如图10-94所示。

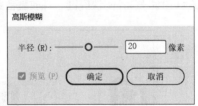

图10-91　　　　　　　图10-92　　　　　　　图10-93　　　　　　　图10-94

09 选择文字工具 T，在适当的位置输入需要的文字，选择选择工具 ▶，在属性栏中选择合适的字体并设置文字大小。设置填充色为砖红色（RGB值为179、52、48），效果如图10-95所示。用相同的方法制作文字"画""展"和"览"，效果如图10-96所示。

图10-95　　　　　　　图10-96

10 按Ctrl+O快捷键，打开学习资源中的"Ch10\素材\制作国画展览海报\02"文件，选择选择工具 ▶，选取需要的图形，按Ctrl+C快捷键复制图形。选择当前文档，按Ctrl+V快捷键将复制的图形粘贴到页面中，并拖曳到适当的位置，效果如图10-97所示。国画展览海报制作完成，效果如图10-98所示。

图10-97　　　　　　　　　　　　　图10-98

10.4.2 "像素化"效果组

"像素化"效果组如图10-99所示，可以将图像中颜色相似的像素合并起来，产生特殊的效果。

效果画廊...	
像素化 ▶	彩色半调...
扭曲 ▶	晶格化...
模糊 ▶	点状化...
画笔描边 ▶	铜版雕刻...

图10-99

"像素化"效果组中各效果的效果如图10-100所示。

原图像　　　　　"彩色半调"效果　　　　"晶格化"效果　　　　"点状化"效果　　　　"铜版雕刻"效果

图10-100

10.4.3 "扭曲"效果组

"扭曲"效果组如图10-101所示，可以对像素进行移动或插值来使图像达到扭曲效果。

图10-101

"扭曲"效果组中各效果的效果如图10-102所示。

原图像　　　　"扩散亮光"效果　　　　"海洋波纹"效果　　　　"玻璃"效果

图10-102

10.4.4 "模糊"效果组

"模糊"效果组如图10-103所示，可以削弱相邻像素之间的对比度，使图像达到柔化的效果。

图10-103

1. "径向模糊"效果

"径向模糊"效果可以使图像产生旋转或运动的效果，模糊的中心位置可以任意调整。

选中图像，如图10-104所示。选择"效果 > 模糊 > 径向模糊"命令，在弹出的"径向模糊"对话框中进行设置，如图10-105所示，单击"确定"按钮，图像效果如图10-106所示。

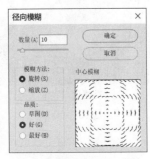
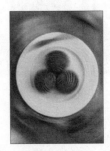

图10-104　　　　　　　图10-105　　　　　　　图10-106

2. "特殊模糊"效果

"特殊模糊"效果可以使图像背景产生模糊效果，可以用来制作柔化效果。

选中图像，如图10-107所示。选择"效果 > 模糊 > 特殊模糊"命令，在弹出的"特殊模糊"对话框中进行设置，如图10-108所示，单击"确定"按钮，图像效果如图10-109所示。

图10-107　　　　　　　图10-108　　　　　　　图10-109

3. "高斯模糊"效果

"高斯模糊"效果可以使图像变得柔和，可以用来制作倒影或投影。

选中图像，如图10-110所示。选择"效果 > 模糊 > 高斯模糊"命令，在弹出的"高斯模糊"对话框中进行设置，如图10-111所示，单击"确定"按钮，图像效果如图10-112所示。

图10-110　　　　　　　图10-111　　　　　　　图10-112

10.4.5 "画笔描边"效果组

"画笔描边"效果组如图10-113所示，可以通过不同的画笔和油墨设置产生类似绘画的效果。

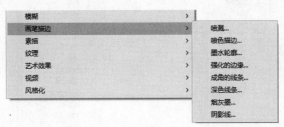

图10-113

"画笔描边"效果组中各效果的效果如图10-114所示。

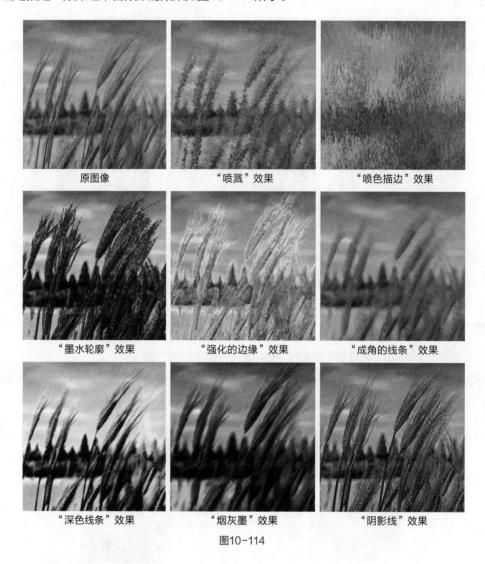

原图像　　　　　　　　"喷溅"效果　　　　　　　　"喷色描边"效果

"墨水轮廓"效果　　　　　"强化的边缘"效果　　　　　"成角的线条"效果

"深色线条"效果　　　　　"烟灰墨"效果　　　　　　"阴影线"效果

图10-114

10.4.6 "素描"效果组

"素描"效果组如图10-115所示，可以模拟现实中的素描、速写等美术方法对图像进行处理。

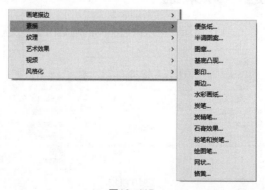

图10-115

"素描"效果组中各效果的效果如图10-116所示。

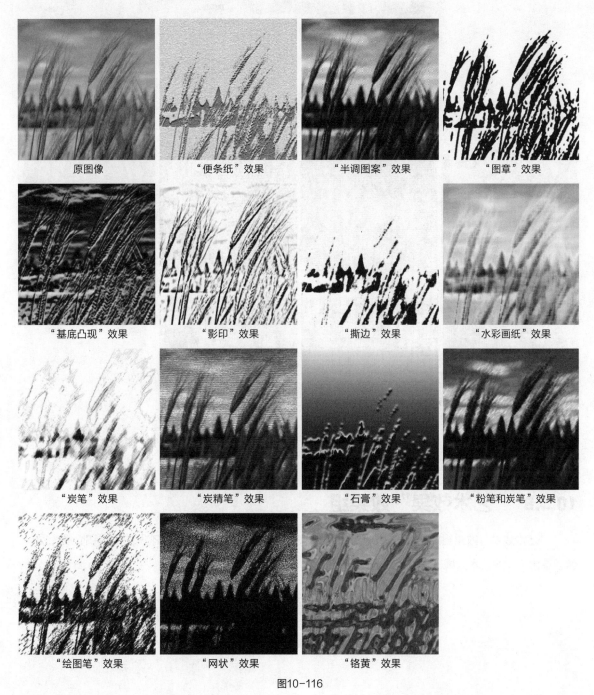

图10-116

10.4.7 "纹理"效果组

"纹理"效果组如图10-117所示，可以使图像产生各种纹理效果，还可以利用前景色在空白的图像上制作纹理图。

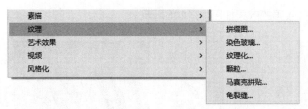

图10-117

"纹理"效果组中各效果的效果如图10-118所示。

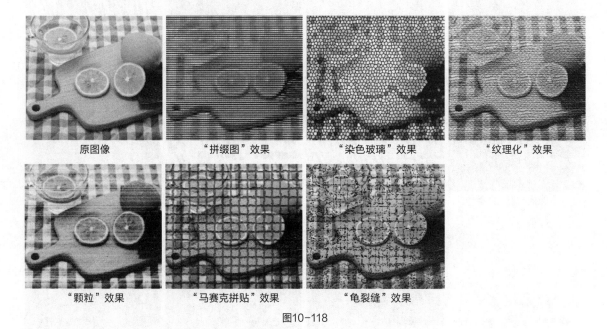

| 原图像 | "拼缀图"效果 | "染色玻璃"效果 | "纹理化"效果 |

| "颗粒"效果 | "马赛克拼贴"效果 | "龟裂缝"效果 |

图10-118

10.4.8 "艺术效果"效果组

"艺术效果"效果组如图10-119所示，可以模拟不同的艺术派别，使用不同的工具和介质为图像创造出不同的艺术效果。

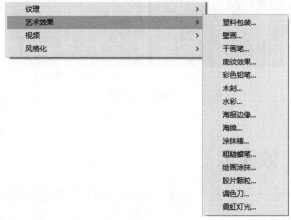

图10-119

"艺术效果"效果组中各效果的效果如图10-120所示。

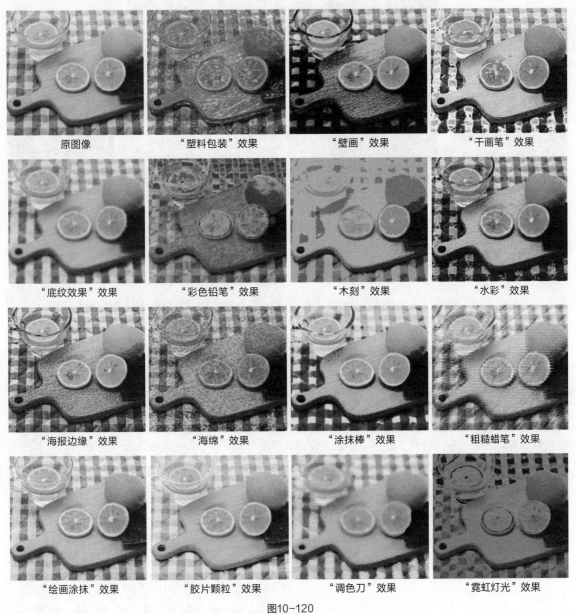

原图像	"塑料包装"效果	"壁画"效果	"干画笔"效果
"底纹效果"效果	"彩色铅笔"效果	"木刻"效果	"水彩"效果
"海报边缘"效果	"海绵"效果	"涂抹棒"效果	"粗糙蜡笔"效果
"绘画涂抹"效果	"胶片颗粒"效果	"调色刀"效果	"霓虹灯光"效果

图10-120

10.4.9 "风格化"效果组

"风格化"效果组如图10-121所示，只有一种效果。

| 视频 | ＞ | |
| 风格化 | ＞ | 照亮边缘... |

图10-121

"照亮边缘"效果可以把图像中的低对比度区域变为黑色，高对比度区域变为白色，从而使图像上不同颜色的交界处产生发光效果。

选中图像，如图10-122所示，选择"效果 ＞ 风格化 ＞ 照亮边缘"命令，在弹出的"照亮边缘"对话框中进行设置，如图10-123所示，单击"确定"按钮，图像效果如图10-124所示。

图10-122

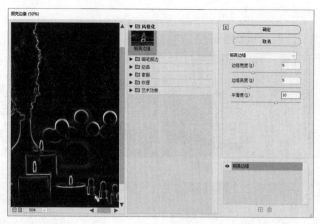

图10-123

图10-124

10.5 图形样式

Illustrator 2022提供了多种样式库可供选择和使用。下面具体介绍各种图形样式的使用方法。

10.5.1 "图形样式"面板

选择"窗口 > 图形样式"命令，弹出"图形样式"面板。在默认状态下，"图形样式"面板的效果如图10-125所示。在"图形样式"面板中，系统提供了多种预置的样式。在制作图像的过程中，不但可以任意调用面板中的样式，还可以创建、保存、管理样式。在"图形样式"面板的底部，"断开图形样式链接"按钮 ◥ 用于断开样式与图形之间的链接；"新建图形样式"按钮 ⊞ 用于建立新的图形样式；"删除图形样式"按钮 🗑 用于删除不需要的图形样式。

Illustrator 2022提供了丰富的样式库，可以根据需要调出样式库。选择"窗口 > 图形样式库"命令，弹出其子菜单，如图10-126所示，选择不同的命令，可以调出相应的样式库，如图10-127所示。

图10-125

图10-126

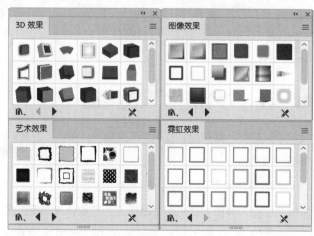

图10-127

10.5.2 使用图形样式

选中要添加样式的图形，如图10-128所示。在"图形样式"面板中单击要添加的样式，如图10-129所示，图形被添加样式后的效果如图10-130所示。

图10-128

图10-129

图10-130

定义图形的外观后，可以将其保存为图形样式。选中要保存外观的图形，如图10-131所示，单击"图形样式"面板中的"新建图形样式"按钮 ⊞，该图形的外观被保存到样式库，如图10-132所示；将图形直接拖曳到"图形样式"面板中也可以将其外观保存到样式库，如图10-133所示。

图10-131

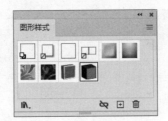
图10-132

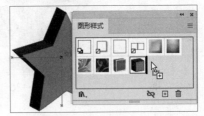
图10-133

当把"图形样式"面板中的样式添加到图形上时，Illustrator 2022将在图形和选取的样式之间创建一种链接关系。也就是说，如果"图形样式"面板中的样式发生了变化，那么被添加了该样式的图形也会随之变化。单击"图形样式"面板中的"断开图形样式链接"按钮 ⊗，可断开链接关系。

10.6 "外观"面板

在Illustrator 2022的"外观"面板中，可以查看当前对象或图层的外观属性，其中包括应用到对象上的填色、描边、不透明度和效果等。

选中一个对象，如图10-134所示，选择"窗口 > 外观"命令，弹出"外观"面板，面板中将显示该对象的各项外观属性，如图10-135所示。

图10-134

图10-135

"外观"面板可分为2个部分。

第1部分为显示当前选择，可以显示当前路径或图层的缩略图。

第2部分为当前路径或图层的全部外观属性列表，包括应用到当前路径上的效果、描边颜色、描边粗细、填色和不透明度等。如果同时选中的多个对象具有不同的外观属性，如图10-136所示，"外观"面板将无法一一显示，只能提示当前选择为混合外观，效果如图10-137所示。

图10-136

图10-137

在"外观"面板中，各项外观属性是有层叠顺序的。在列举选取区的效果属性时，后应用的效果位于先应用的效果之上。拖曳代表各项外观属性的列表项，可以重新排列外观属性的层叠顺序，从而影响到对象的外观。当图像的描边属性在填色属性之上时，图像效果如图10-138所示。在"外观"面板中将描边属性拖曳到填色属性的下方，如图10-139所示，改变层叠顺序后的图像效果如图10-140所示。

在创建新对象时，Illustrator 2022将把当前设置的外观属性自动添加到新对象上。

图10-138

图10-139

图10-140

课堂练习——制作儿童鞋详情页主图

练习知识要点 使用矩形工具和直接选择工具制作底图,使用"置入"命令置入素材图片,使用"投影"命令为商品图片添加投影效果,使用文字工具添加主图信息。效果如图10-141所示。

素材所在位置 学习资源\Ch10\素材\制作儿童鞋详情页主图\01、02。

效果所在位置 学习资源\Ch10\效果\制作儿童鞋详情页主图.ai。

图10-141

课后习题——制作餐饮食品招贴

习题知识要点 使用"置入"命令置入图片,使用文字工具、填充工具和"涂抹"命令添加并编辑标题文字,使用文字工具、"字符"面板添加其他文字信息。效果如图10-142所示。

素材所在位置 学习资源\Ch10\素材\制作餐饮食品招贴\01。

效果所在位置 学习资源\Ch10\效果\制作餐饮食品招贴.ai。

图10-142

第 11 章

商业案例实训

本章介绍

本章结合多个应用领域商业案例的实际应用，详解Illustrator的强大功能和案例制作技巧。读者在学习本章后，可以快速地掌握商业案例设计的理念和软件的技术要点，设计制作出专业的作品。

学习目标

● 综合使用Illustrator的强大功能。

● 了解Illustrator的常用设计领域。

● 掌握Illustrator在不同设计领域的应用技巧。

技能目标

● 掌握"布老虎插画"的绘制方法。

● 掌握"箱包类App主页Banner"的制作方法。

● 掌握"店庆海报"的制作方法。

● 掌握"少儿读物图书封面"的制作方法。

● 掌握"苏打饼干包装"的制作方法。

11.1 插画设计——绘制布老虎插画

11.1.1 项目背景及设计要求

1. 客户名称

古韵艺术馆。

2. 客户需求

我国拥有丰富多彩的传统民间艺术，每种都有独特的表现形式和风格。"布老虎"是其中一种民间手工艺品，通常是用布料制作成的虎形玩具，有着浓厚的民间文化背景。本案例是设计制作传统民间艺术布老虎营销H5页面插画，要求在设计上表现出传统艺术的特点和工艺之美。

3. 设计要求

（1）插画中的老虎形象应该具有卡通化的可爱感，但又不失老虎的威严。

（2）采用细腻的线条和精巧的构图，传达出古典美感。

（3）画面整体呈现出古朴、高雅的氛围，体现我国传统民间艺术的魅力和精髓。

（4）设计风格具有特色，能够引起人们的兴趣。

（5）设计规格为500 mm（宽）×500 mm（高），分辨率为300 ppi。

11.1.2 项目素材及制作要点

1. 素材资源

图片素材所在位置：学习资源\Ch11\素材\绘制布老虎插画\01~03。

文字素材所在位置：学习资源\Ch11\素材\绘制布老虎插画\文字文档。

2. 作品参考

参考效果所在位置：学习资源\Ch11\效果\绘制布老虎插画\布老虎插画.ai、布老虎插画-应用场景-海报.ai。效果如图11-1所示。

3. 制作要点

使用钢笔工具、椭圆工具、"路径查找器"面板绘制老虎头部，使用椭圆工具、直接选择工具、"将所选锚点转换为尖角"按钮、"变换"命令绘制老虎耳朵，使用钢笔工具、

图11-1

文字工具、"弧形"命令、螺旋线工具、"变换"命令、镜像工具绘制老虎额头，使用椭圆工具、圆角矩形工具、直接选择工具、"路径查找器"面板、直线段工具、旋转工具绘制老虎眼睛，使用圆角矩形工具、"弧形"命令、星形工具、钢笔工具、"剪切蒙版"命令绘制老虎嘴巴。

课堂练习1——绘制厨房家具插画

项目背景及设计要求

1. 客户名称

艾佳家居。

2. 客户需求

艾佳家居是一家具有设计感的现代东方家具品牌，秉承简约理念，重点打造时尚、简约的现代家居风格。本案例是制作设计一幅引导页插画，以展示该品牌App的功能，特别是关于厨房家具的部分。插画需要生动地展现现代厨房家具的美观与实用，并传达给用户在使用App时可以找到理想家居家具的信息。

3. 设计要求

（1）插画中的场景为现代风格的厨房，明亮通透，有家的温馨感。

（2）将具有特色的厨房家具突出展示出来，以凸显App提供的家具信息。

（3）画面色彩要丰富多样，表现形式层次分明，具有吸引力。

（4）设计风格以现代简约为主，展示出家具的实用性和美感，以吸引用户使用App。

（5）设计规格为600 px（宽）×600 px（高），分辨率为72 ppi。

项目素材及制作要点

1. 素材资源

图片素材所在位置：学习资源\Ch11\素材\绘制厨房家具插画\01、02。

文字素材所在位置：学习资源\Ch11\素材\绘制厨房家具插画\文字文档。

2. 作品参考

参考效果所在位置：学习资源\Ch11\效果\绘制厨房家具插画\厨房家具插画.ai、厨房家具插画-应用场景-引导页.ai。效果如图11-2所示。

3. 制作要点

使用矩形工具、"变换"面板、"描边"面板、直线段工具、"颜色"面板绘制橱柜，使用圆角矩形工具、椭圆工具、直线段工具绘制蒸烤箱，使用矩形工具、直线段工具、"描边"面板、钢笔工具绘制消毒柜和门板。

图11-2

课堂练习2——绘制旅行插画

项目背景及设计要求

1. 客户名称

哈玩旅行社。

2. 客户需求

哈玩旅行社致力于为旅客打造难忘的旅行体验。专注于为旅行者提供多样化、精心设计的旅行方案，让旅客的每次旅程都充满乐趣、舒适和惊喜。本案例是创作一幅富有活力的旅行插画，用于宣传旅行社的旅行服务。要求能够吸引人们的注意力，展现出旅行的愉悦，同时突出该旅行社的专业性和多样化的旅行目的地。

3. 设计要求

（1）在插画中创造一个吸引人的旅行场景，要充满活力，能够勾起人们的向往之情。

（2）在插画中展示一些旅行活动，以展现旅行的多样性和趣味性。

（3）使用鲜艳活泼的色彩，突出旅行的欢快氛围。

（4）在插画中加入一些具有当地特色的元素，以表现旅行目的地的特色。

（5）设计规格为700 px（宽）×580 px（高），分辨率为72 ppi。

项目素材及制作要点

1. 素材资源

图片素材所在位置：学习资源\Ch11\素材\绘制旅行插画\01、02。

文字素材所在位置：学习资源\Ch11\素材\绘制旅行插画\文字文档。

2. 作品参考

参考效果所在位置：学习资源\Ch11\效果\绘制旅行插画\旅行插画.ai、旅行插画-应用场景-网页Banner.ai。效果如图11-3所示。

图11-3

3. 制作要点

使用矩形工具、"变换"面板、钢笔工具、直线段工具和"颜色"面板绘制插画背景，使用椭圆工具、"复合路径"命令、矩形工具、直接选择工具、直线段工具和旋转工具绘制水车。

课后习题1——绘制丹顶鹤插画

项目背景及设计要求

1. 客户名称

清新杂志社。

2. 客户需求

清新杂志社是一家专注于宣传环保、可持续生活和自然保护的杂志社。希望能够通过杂志社的宣传，激发读者对环保议题的兴趣，传播可持续生活的理念，以及分享各种环保创新和实践经验。本例是为杂志绘制栏目插画，要求符合栏目主题，体现出优雅、独特的自然之美。

3. 设计要求

（1）突出丹顶鹤高雅的姿态和优美的外形。

（2）使用自然、柔和的色彩，突出丹顶鹤的美。

（3）绘制时注意其红冠、白羽毛和黑色脸部特征，还原其色彩和纹理。

（4）设计风格具有特色，能够引起读者的兴趣。

（5）设计规格为500 mm（宽）×500 mm（高），分辨率为300 ppi。

项目素材及制作要点

1. 素材资源

图片素材所在位置：学习资源\Ch11\素材\绘制丹顶鹤插画\01和02。

文字素材所在位置：学习资源\Ch11\素材\绘制丹顶鹤插画\文字文档。

2. 作品参考

参考效果所在位置：学习资源\Ch11\效果\绘制丹顶鹤插画\丹顶鹤插画.ai、丹顶鹤插画-应用场景-海报.ai。效果如图11-4所示。

3. 制作要点

使用椭圆工具、钢笔工具、"路径查找器"面板、渐变工具、直接选择工具和"高斯模糊"命令绘制丹顶鹤身体，使用钢笔工具、"描边"面板、宽度工具、混合工具绘制丹顶鹤羽毛。

图11-4

课后习题2——绘制花园插画

项目背景及设计要求

1. 客户名称

休闲生活杂志。

2. 客户需求

休闲生活杂志是一种专注于居家生活、家居设计、生活妙招、宠物喂养、休闲旅游和健康养生的生活类杂志。本例是为生活栏目设计制作以花园为主的插画，要求与栏目主题相呼应，能体现出轻松、舒适之感。

3. 设计要求

（1）插画风格要求温馨舒适、简洁直观。

（2）设计形式要细致、独特，充满趣味性。

（3）画面色彩要淡雅闲适，表现形式层次分明，具有吸引力。

（4）设计风格具有特色，能够引起人们的共鸣。

（5）设计规格为570 mm（宽）×424 mm（高），分辨率为300 ppi。

项目素材及制作要点

1. 素材资源

图片素材所在位置：学习资源\Ch11\素材\绘制花园插画\01、02。

文字素材所在位置：学习资源\Ch11\素材\绘制花园插画\文字文档。

2. 作品参考

参考效果所在位置：学习资源\Ch11\效果\绘制花园插画\花园插画.ai、花园插画-应用场景-日历.ai。效果如图11-5所示。

3. 制作要点

使用矩形工具、椭圆工具、"路径查找器"面板、"透明度"面板绘制插画背景，使用矩形工具、添加锚点工具、直接选择工具和椭圆工具绘制篱笆和房子。

图11-5

11.2 Banner设计——制作箱包类App主页Banner

11.2.1 项目背景及设计要求

1. 客户名称

晒潮流。

2. 客户需求

晒潮流是为广大年轻消费者提供箱包服饰购买服务及售后服务的平台。该平台拥有来自全球不同地区的不同风格的箱包服饰，而且会为用户推荐特色产品及新品。现值双十一来临之际，需要为平台设计一款Banner，要求在展现产品特色的同时突出优惠力度。

3. 设计要求

（1）广告内容以产品实物图片为主导。

（2）使用插画元素来装饰画面，表现产品特色。

（3）画面色彩要明亮鲜丽，使用大胆而丰富的色彩，丰富画面效果。

（4）设计风格具有特色，版式活而不散，能够引起顾客的兴趣及购买欲望。

（5）设计规格为750 px（宽）×200 px（高），分辨率为72 ppi。

11.2.2　项目素材及制作要点

1. 素材资源

　　图片素材所在位置：学习资源\Ch11\素材\制作箱包类App主页Banner\01。

　　文字素材所在位置：学习资源\Ch11\素材\制作箱包类App主页Banner\文字文档。

2. 作品参考

　　参考效果所在位置：学习资源\Ch11\效果\制作箱包类App主页Banner.ai。效果如图11-6所示。

图11-6

3. 制作要点

　　使用文字工具、"字符"面板添加标题文字，使用"创建轮廓"命令、直接选择工具、删除锚点工具和"边角"选项编辑标题文字，使用圆角矩形工具、文字工具和填充工具绘制"GO"按钮。

课堂练习1——制作美妆类App主页Banner

项目背景及设计要求

1. 客户名称

　　温碧柔。

2. 客户需求

　　温碧柔是一个涉足护肤、彩妆、香水等多个产品领域的年轻护肤品牌。该品牌现推出新款水润防晒乳，要求设计一款Banner用于线上宣传。设计要符合年轻人的喜好，给人清爽透亮的感觉。

3. 设计要求

　　（1）广告内容以产品实物图片为主导。

　　（2）背景与装饰符合产品需求，体现出产品特色。

　　（3）画面色彩要明艳透亮，以丰富画面效果。

　　（4）设计风格要具有特色，版式活而不散，能够引起顾客的兴趣及购买欲望。

　　（5）设计规格为1920 px（宽）×700 px（高），分辨率为72 ppi。

项目素材及制作要点

1. 素材资源

图片素材所在位置：学习资源\Ch11\素材\制作美妆类App主页Banner\01。

文字素材所在位置：学习资源\Ch11\素材\制作美妆类App主页Banner\文字文档。

2. 作品参考

参考效果所在位置：学习资源\Ch11\效果\制作美妆类App主页Banner.ai。效果如图11-7所示。

图11-7

3. 制作要点

使用矩形工具、"不透明度"选项制作半透明效果，使用文字工具、"字符"面板添加宣传性文字，使用"字形"命令插入字形，使用圆角矩形工具、直线段工具绘制装饰图形。

课堂练习2——制作电商类App主页Banner

项目背景及设计要求

1. 客户名称

文森。

2. 客户需求

文森是一家综合网上购物平台，商品涵盖家电、手机、电脑、服装、百货、海外购等品类。现推出家电换新活动，要求进行广告设计用于平台宣传及推广，设计要符合现代设计风格，给人深刻的印象。

3. 设计要求

（1）画面内容以产品实物图片为主体。

（2）使用直观醒目的文字来诠释广告内容，表现活动特色。

（3）整体设计要寓意深远且紧扣主题。

（4）设计风格具有特色，能够引起人们的关注及订购兴趣。

（5）设计规格为1920 px（宽）×550 px（高），分辨率为72 ppi。

项目素材及制作要点

1. 素材资源

图片素材所在位置：学习资源\Ch11\素材\制作电商类App主页Banner\01。

文字素材所在位置：学习资源\Ch11\素材\制作电商类App主页Banner\文字文档。

2. 作品参考

参考效果所在位置：学习资源\Ch11\效果\制作电商类App主页Banner.ai。效果如图11-8所示。

图11-8

3. 制作要点

使用文字工具、"字符"面板、倾斜工具添加并编辑主题文字，使用"投影"命令为文字添加阴影效果。

课后习题1——制作生活家具类网站Banner

项目背景及设计要求

1. 客户名称

尘乡居。

2. 客户需求

尘乡居是专门销售现代家具的平台，销售沙发、橱柜、双人床等家具。该平台近期推出了新款布艺沙发，需要为其制作一个全新的网店首页广告。要求突出广告宣传的主题。

3. 设计要求

（1）广告内容以家具实物图片为主，装饰品与产品相结合，相互衬托。

（2）色调要通透明亮，给人品质上乘的感觉。

（3）产品的展示主次分明，让人一目了然，促进销售。

（4）整体设计清新自然，让人产生购买欲望。

（5）设计规格为1920 px（宽）×800 px（高），分辨率为72 ppi。

项目素材及制作要点

1. 素材资源

图片素材所在位置：学习资源\Ch11\素材\制作生活家具类网站Banner\01。

文字素材所在位置：学习资源\Ch11\素材\制作生活家具类网站Banner\文字文档。

2. 作品参考

参考效果所在位置：学习资源\Ch11\效果\制作生活家具类网站Banner.ai。效果如图11-9所示。

图11-9

3. 制作要点

使用文字工具添加宣传性文字，使用"偏移路径"命令添加文字描边，使用圆角矩形工具、"投影"命令制作"查看详情"按钮。

课后习题2——制作时尚女鞋网页Banner

项目背景及设计要求

1. 客户名称

韵雅时尚。

2. 客户需求

韵雅时尚是一家致力于为现代女性提供高质量、时尚设计的女鞋的品牌。女鞋系列包括多种风格，如高跟鞋、平底鞋、运动鞋、凉鞋等。现推出换新季新款系列女鞋，要求进行广告设计用于平台宣传及推广，设计要符合现代设计风格，给人时尚、优雅的感觉。

3. 设计要求

（1）画面内容以产品实物图片为主体。

（2）使用直观醒目的文字来诠释广告内容，表现活动特色。

（3）画面色彩要给人清新干净的印象。

（4）画面版式沉稳且富于变化。

（5）设计规格为1920 px（宽）×600 px（高），分辨率为72 ppi。

项目素材及制作要点

1. 素材资源

图片素材所在位置：学习资源\Ch11\素材\制作时尚女鞋网页Banner\01。

文字素材所在位置：学习资源\Ch11\素材\制作时尚女鞋网页Banner\文字文档。

2. 作品参考

参考效果所在位置：学习资源\Ch11\效果\制作时尚女鞋网页Banner.ai。效果如图11-10所示。

图11-10

3. 制作要点

使用"置入"命令添加背景图片，使用文字工具、"字符"面板添加宣传文字，使用直线段工具绘制装饰线条，使用圆角矩形工具、"贴在后面"命令、混合工具和文字工具制作"点击查看"按钮。

11.3　海报设计——制作店庆海报

11.3.1　项目背景及设计要求

1. 客户名称

福源商城。

2. 客户需求

福源商城是一家平民化的综合性购物商城，涉及食品、果品、蔬菜、模具、花卉等产品，致力于打造贴合平民大众的购物平台。现值商城周年庆，需要设计一款周年庆海报，要求能突出海报宣传的主题，同时展现出热闹的氛围和极强的视觉冲击力。

3. 设计要求

（1）广告要求内容突出，重点宣传此次店庆宣传活动。

（2）主体内容以红色系为主，加以金色的点缀，形成热闹的氛围。

（3）广告设计要求主次分明，对文字进行具有特色的设计，使消费者快速了解产品信息。

（4）要求画面对比感强烈，能迅速吸引人们的注意力。

（5）设计规格为210 mm（宽）×285 mm（高），分辨率为300 ppi。

11.3.2 项目素材及制作要点

1. 素材资源

图片素材所在位置：学习资源\Ch11\素材\制作店庆海报\01、02。

文字素材所在位置：学习资源\Ch11\素材\制作店庆海报\文字文档。

2. 作品参考

参考效果所在位置：学习资源\Ch11\效果\制作店庆海报.ai。效果如图11-11所示。

3. 制作要点

使用文字工具、"字符"面板、倾斜工具和"变换"面板添加并编辑宣传语，使用"投影"命令为文字添加阴影效果，使用直线段工具、钢笔工具和椭圆工具添加装饰图形和活动详情，使用椭圆工具和"符号库"命令添加箭头符号。

图11-11

课堂练习1——制作音乐会海报

项目背景及设计要求

1. 客户名称

西城利合大剧院。

2. 客户需求

中国古典乐器是中华民族传统文化的重要组成部分，承载着丰富的历史、情感和智慧。本案例是设计制作一款音乐会宣传海报，要求根据品牌的调性、产品的功能以及场景应用等因素进行设计。

3. 设计要求

（1）海报内容以乐器实物图片为主，将文字与图片相结合，表明主题。

（2）色调淡雅，带给人平静、放松的视觉感受。

（3）画面色彩搭配适宜，营造出让人身心舒畅的氛围。

（4）设计风格具有特色，能体现出传统特色之美。

（5）设计规格为500 mm（宽）×700 mm（高），分辨率为72 ppi。

项目素材及制作要点

1. 素材资源

图片素材所在位置：学习资源\Ch11\素材\制作音乐会海报\01、02。

文字素材所在位置：学习资源\Ch11\素材\制作音乐会海报\文字文档。

2. 作品参考

参考效果所在位置：学习资源\Ch11\效果\制作音乐会海报.ai。效果如图11-12所示。

3. 制作要点

使用直排文字工具、文字工具、"字符"面板添加主题文字及参会内容，使用"字形"命令插入需要的字形，使用"置入"命令添加素材图片，使用矩形工具、旋转工具、直线段工具绘制装饰图形。

图11-12

课堂练习2——制作茶叶海报

项目背景及设计要求

1. 客户名称

栖茶。

2. 客户需求

栖茶是一家专注于生产和销售中式茶叶的公司，致力于传承和发扬茶文化，提供高质量的中式茶叶产品给消费者。现初春新茶上市，需要设计一款宣传海报，要求体现出产品特点和公司特色。

3. 设计要求

（1）使用真实茶山图片作为背景，起到衬托的作用，营造氛围。

（2）以商品实物照片作为主体元素，图文搭配合理。

（3）版面设计具有美感，符合品牌调性。

（4）色彩围绕产品进行设计搭配，起到舒适、自然的效果。

（5）设计规格为210 mm（宽）×297 mm（高），分辨率为300 ppi。

项目素材及制作要点

1. 素材资源

图片素材所在位置：学习资源\Ch11\素材\制作茶叶海报\01~05。

文字素材所在位置：学习资源\Ch11\素材\制作茶叶海报\文字文档。

2. 作品参考

参考效果所在位置：学习资源\Ch11\效果\制作茶叶海报.ai。效果如图11-13所示。

3. 制作要点

使用文字工具、"字符"面板添加宣传性文字，使用"字形"命令插入需要的字形，使用椭圆工具、钢笔工具、"描边"面板、镜像工具绘制装饰图形，使用"置入"命令、圆角矩形工具、"建立剪切蒙版"命令制作产品展示图片。

图11-13

课后习题1——制作文物博览会海报

项目背景及设计要求

1. 客户名称

古韵文物博览会。

2. 客户需求

古韵文物博览会是一场汇聚了丰富瓷器的盛大展览，将呈现千年古老的瓷器艺术，致力于让观众沉浸其中，领略历史的深厚底蕴和文化的博大精深。本案例是设计制作文物博览会海报，要求能够展示出瓷器的历史价值和文化内涵，同时突出博览会的重要信息和活动亮点，吸引观众前来参观。

3. 设计要求

（1）通过图像和元素表现出瓷器的古老、优雅和珍贵，体现出博览会主题。

（2）使用温馨的色彩，与瓷器的质感相呼应。

（3）选择合适的字体和排版风格，使海报整体看起来清晰、干净。

（4）整体设计要寓意深远且紧扣主题。

（5）设计规格为210 mm（宽）×285 mm（高），分辨率为300 ppi。

项目素材及制作要点

1. 素材资源

图片素材所在位置：学习资源\Ch11\素材\制作文物博览会海报\01、02。

文字素材所在位置：学习资源\Ch11\素材\制作文物博览会海报\文字文档。

2. 作品参考

参考效果所在位置：学习资源\Ch11\效果\制作文物博览会海报.ai。效果如图11-14所示。

3. 制作要点

使用文字工具、"置入"命令、"剪切蒙版"命令制作文字剪切蒙版效果，使用椭圆工具、直线段工具绘制装饰图形，使用文字工具、"字符"面板、"段落"面板添加介绍性文字。

图11-14

课后习题2——制作咖啡厅海报

项目背景及设计要求

1. 客户名称

漫生活咖啡馆。

2. 客户需求

漫生活咖啡馆是一个追求艺术与美味完美融合的咖啡厅，致力于为顾客带来高品质的咖啡体验，同时创造一个舒适、温馨的环境，让顾客在美味的咖啡中享受宁静时光。本案例是为咖啡厅制作宣传海报，要求突出咖啡厅的艺术氛围、高品质的咖啡和舒适的环境，能够吸引咖啡爱好者前来品尝。

3. 设计要求

（1）能够体现出咖啡厅的艺术氛围和咖啡文化。

（2）使用温暖、舒适的色彩，以增强海报的舒适感。

（3）选择合适的字体和排版风格，以确保海报信息清晰易读。

（4）要求画面具有特色，能迅速吸引人们的注意力。

（5）设计规格为210 mm（宽）×297 mm（高），分辨率为300 ppi。

项目素材及制作要点

1. 素材资源

图片素材所在位置：学习资源\Ch11\素材\制作咖啡厅海报\01~03。

文字素材所在位置：学习资源\Ch11\素材\制作咖啡厅海报\文字文档。

2. 作品参考

参考效果所在位置：学习资源\Ch11\效果\制作咖啡厅海报.ai。效果如图11-15所示。

3. 制作要点

使用星形工具、椭圆工具、"描边"面板和填充工具制作标牌底图，使用椭圆工具、路径文字工具制作路径文字，使用文字工具和"字符"面板添加信息文字，使用"复制"命令和镜像工具制作装饰图形，使用"符号库"命令和椭圆工具制作图标。

图11-15

11.4 书籍封面设计——制作少儿读物图书封面

11.4.1 项目背景及设计要求

1. 客户名称

XXX出版社。

2. 客户需求

XXX出版社是一家集图书、期刊和网络出版物出版为一体的综合性出版机构。该公司现准备出版一本新书《点亮星空——宝宝成长记》，要求为该图书设计封面，设计元素要能够体现出温馨的氛围，符合图书特色。

3. 设计要求

（1）图书封面的设计要简洁而不失活泼，避免呆板。

（2）具有代表性，突出图书特色。

（3）色彩的运用简洁舒适，在视觉上能吸引人们的目光。

（4）要留给人想象的空间，使人产生向往之情。

（5）设计规格为310 mm（宽）×210 mm（高），分辨率为300 ppi。

11.4.2　项目素材及制作要点

1. 素材资源

图片素材所在位置：学习资源\Ch11\素材\制作少儿读物图书封面\01~03。

文字素材所在位置：学习资源\Ch11\素材\制作少儿读物图书封面\文字文档。

2. 作品参考

参考效果所在位置：学习资源\Ch11\效果\制作少儿读物图书封面.ai。效果如图11-16所示。

3. 制作要点

使用矩形工具、网格工具、直线段工具、"描边"面板和星形工具制作背景，使用文字工具、矩形工具、"路径查找器"面板和直接选择工具制作图书名称，使用文字工具、"字符"面板添加相关内容和出版信息，使用椭圆工具、"联集"按钮和区域文字工具添加区域文字。

图11-16

课堂练习1——制作花艺图书封面

项目背景及设计要求

1. 客户名称

花艺工坊。

2. 客户需求

花艺工坊是一家致力于将花艺爱好者培养成花艺设计师的花艺坊，将要出版一本讲花艺设计的图书。随着潮流的不断变化，花艺设计逐渐普及，变得与生活息息相关，花艺工坊的宗旨是让花艺爱好者体验到花艺的美感，让生活时有惊喜。本案例是为花艺工坊制作图书封面，要求新颖别致，体现出花艺设计的特点。

3. 设计要求

（1）体现出花艺设计的特点。

（2）把实景照片作为封面的背景底图，文字与图片搭配合理，具有美感。

（3）色彩要围绕照片进行设计搭配，以达到舒适、自然的效果。

（4）整体要时尚、美观，并且能体现图书的专业性。

（5）设计规格为385 mm（宽）×260 mm（高），分辨率为300 ppi。

项目素材及制作要点

1. 素材资源

图片素材所在位置：学习资源\Ch11\素材\制作花艺图书封面\01、02。

文字素材所在位置：学习资源\Ch11\素材\制作花艺图书封面\文字文档。

2. 作品参考

参考效果所在位置：学习资源\Ch11\效果\制作花艺图书封面.ai。效果如图11-17所示。

3. 制作要点

使用矩形工具、"置入"命令、"剪切蒙版"命令制作封面底图，使用矩形工具、添加锚点工具、直接选择工具绘制装饰图形，使用文字工具、"字符"面板添加封面信息，使用圆角矩形工具、文字工具、"创建轮廓"命令和"路径查找器"面板制作出版社标志。

图11-17

课堂练习2——制作化妆美容图书封面

项目背景及设计要求

1. 客户名称

XXX出版社。

2. 客户需求

《四季美妆私语（升级版）》是XXX出版社出版的一本介绍美妆技巧的图书，是介绍如何打造符合不同时节的美妆造型与美容护肤的教程。现要求通过对书名的设计和对其他图形的编排，制作出醒目且不失优雅的封面。

3. 设计要求

（1）图书封面的设计要以和美妆有关的元素为主导，表现图书特色。

（2）画面色彩以粉色调为主，使画面看起来优雅、柔美。

（3）画面设计要富有创意，使用插画元素来进行点缀，为画面增添趣味。

（4）设计风格要具有特色，版式活而不散，能够引起读者的阅读兴趣。

（5）设计规格为460 mm（宽）×260 mm（高），分辨率为300 ppi。

项目素材及制作要点

1. 素材资源

图片素材所在位置：学习资源\Ch11\素材\制作化妆美容图书封面\01~07。

文字素材所在位置：学习资源\Ch11\素材\制作化妆美容图书封面\文字文档。

2. 作品参考

参考效果所在位置：学习资源\Ch11\效果\制作化妆美容图书封面.ai。效果如图11-18所示。

3. 制作要点

使用矩形工具、椭圆工具、"不透明度"选项、"置入"命令和"变换"命令制作封面背景，使用文字工具、"偏移路径"命令添加封面信息和介绍性文字，使用直线段工具绘制装饰线条。

图11-18

课后习题1——制作菜谱图书封面

项目背景及设计要求

1. 客户名称

XXX出版社。

2. 客户需求

《创意私房菜》是XXX出版社出版的一本烹饪类书籍，书中涉及多种精美的食谱和烹饪技巧。现要求进行书籍的封面设计。封面需要吸引目标读者，突出图书的高品质内容和创意性，同时反映出美食和烹饪的艺术性。

3. 设计要求

（1）设计要求使用图文搭配诠释书籍内容，表现书籍特色。

（2）画面色彩要明亮鲜丽，使用大胆而丰富的色彩，丰富画面效果。

（3）设计风格具有特色，能够引起读者的阅读兴趣。

（4）封面版式简单大方，突出主题。

（5）设计规格为315 mm（宽）×230 mm（高），分辨率300 ppi。

项目素材及制作要点

1. 素材资源

图片素材所在位置：学习资源\Ch11\素材\制作菜谱图书封面\01~07。

文字素材所在位置：学习资源\Ch11\素材\制作菜谱图书封面\文字文档。

2. 作品参考

参考效果所在位置：学习资源\Ch11\效果\制作菜谱图书封面.ai。效果如图11-19所示。

3. 制作要点

使用参考线分割页面，使用"置入"命令、矩形工具和"建立剪切蒙版"命令制作图片的剪切蒙版，使用"透明度"面板制作半透明效果，使用文字工具、"字符"面板和填充工具添加并编辑内容信息，使用星形工具、椭圆工具、混合工具制作装饰图形，使用钢笔工具、路径文字工具制作路径文字。

图11-19

课后习题2——制作摄影图书封面

项目背景及设计要求

1. 客户名称

XXX出版社。

2. 客户需求

　　XXX出版社是一家为广大读者及出版界提供品种丰富且文化含量高的优质图书的出版社。该出版社目前有一本摄影类图书要出版，要求根据其内容特点设计图书封面。

3. 设计要求

　　（1）图书封面要以优秀摄影作品为主要内容，吸引读者的注意。

　　（2）文案设计要求布局合理，主次分明。

　　（3）画面色彩使用浅色调，突出摄影作品。

　　（4）设计风格要具有特色，版式活而不散，让人印象深刻。

　　（5）设计规格为350 mm（宽）×230 mm（高），分辨率为300 ppi。

项目素材及制作要点

1. 素材资源

　　图片素材所在位置：学习资源\Ch11\素材\制作摄影图书封面\01~10。

　　文字素材所在位置：学习资源\Ch11\素材\制作摄影图书封面\文字文档。

2. 作品参考

　　参考效果所在位置：学习资源\Ch11\效果\制作摄影图书封面.ai。效果如图11-20所示。

3. 制作要点

　　使用矩形工具、"置入"命令、"剪切蒙版"命令制作图片剪切效果，使用文字工具、"字符"面板添加封面信息，使用矩形工具、"变换"命令和文字工具制作出版社标识。

图11-20

11.5　包装设计——制作苏打饼干包装

11.5.1　项目背景及设计要求

1. 客户名称

　　好乐奇公司。

2. 客户需求

好乐奇是一家以干果、饼干、茶叶和速溶咖啡等食品的研发、分装及销售为主的公司，致力于为客户提供高品质、高性价比、高便利性的产品。现需要制作苏打饼干包装，要求画面具有创意，符合公司的定位与要求。

3. 设计要求

（1）包装要求使用橘黄色，与饼干颜色相搭配。

（2）文字要求使用简洁的字体，配合整体的包装风格，使包装更具特色。

（3）设计要求简洁大气，图文搭配编排合理，视觉效果强烈。

（4）以真实、简洁的方式向观者传达信息内容。

（5）设计规格为234 mm（宽）×268 mm（高），分辨率为300 ppi。

11.5.2 项目素材及制作要点

1. 素材资源

图片素材所在位置：学习资源\Ch11\素材\制作苏打饼干包装\01~03。

文字素材所在位置：学习资源\Ch11\素材\制作苏打饼干包装\文字文档。

2. 作品参考

参考效果所在位置：学习资源\Ch11\效果\制作苏打饼干包装.ai。效果如图11-21所示。

3. 制作要点

使用"置入"命令添加产品图片，使用"投影"命令为产品图片添加阴影效果，使用矩形工具、渐变工具、"变换"面板、镜像工具、添加锚点工具和直接选择工具制作包装平面展开图，使用文字工具、倾斜工具和填充工具添加产品名称，使用文字工具、"字符"面板、矩形工具和直线段工具添加营养成分表和其他包装信息。

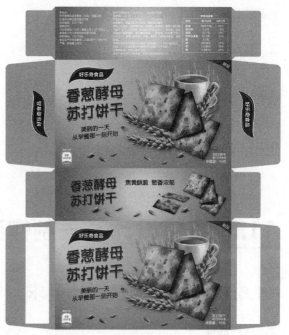

图11-21

课堂练习1——制作巧克力豆包装

项目背景及设计要求

1. 客户名称

美食佳股份有限公司。

2. 客户需求

美食佳股份有限公司是一家以茶叶、休闲零食等食品的分装与销售为主的公司。该公司现推出新款巧克力豆，要求制作一款包装，要能传达巧克力豆健康美味、能为消费者带来快乐的特点。要求画面丰富，能够快速地吸引消费者的注意力。

3. 设计要求

（1）包装要具有特色，整体可爱美观。

（2）字体要与整体的包装风格相配。

（3）设计要求简洁大气，图文搭配、编排合理，视觉效果强烈。

（4）以真实、简洁的方式向消费者传达信息内容。

（5）设计规格为297 mm（宽）×210 mm（高），分辨率为300 ppi。

项目素材及制作要点

1. 素材资源

图片素材所在位置：学习资源\Ch11\素材\制作巧克力豆包装\01、02。

文字素材所在位置：学习资源\Ch11\素材\制作巧克力豆包装\文字文档。

2. 作品参考

参考效果所在位置：学习资源\Ch11\效果\制作巧克力豆包装.ai。效果如图11-22所示。

3. 制作要点

使用钢笔工具、"透明度"面板、"高斯模糊"命令和直线段工具制作包装底图，使用椭圆工具、圆角矩形工具、"缩放"命令、镜像工具和"路径查找器"面板绘制小熊，使用钢笔工具、"路径查找器"面板、"置入"命令和"剪切蒙版"命令绘制心形盒，使用文字工具、"字符"面板、"外观"面板和填充工具制作产品名称。

图11-22

课堂练习2——制作糖果手提袋

项目背景及设计要求

1. 客户名称

糖之心果味糖果店。

2. 客户需求

糖之心是一家经营各类糖果生产和加工的糖果店。现需要制作一款店面专用的打包手提袋。要求手提袋除了携带方便外，还要能达到推销产品的目的。

3. 设计要求

（1）包装要具有特色。

（2）字体要求简洁直观，配合整体的设计风格。

（3）设计要求清新大气，给人舒适感。

（4）以真实、简洁的方式向观者传达信息内容。

（5）设计规格为285 mm（宽）×210 mm（高），分辨率为300 ppi。

项目素材及制作要点

1. 素材资源

图片素材所在位置：学习资源\Ch11\素材\制作糖果手提袋\01。

文字素材所在位置：学习资源\Ch11\素材\制作糖果手提袋\文字文档。

2. 作品参考

参考效果所在位置：学习资源\Ch11\效果\制作糖果手提袋.ai。

效果如图11-23所示。

3. 制作要点

使用椭圆工具、"路径查找器"面板和直接选择工具制作糖果，使用文字工具添加文字信息，使用倾斜工具制作图形倾斜效果。

图11-23

课后习题1——制作大米包装

项目背景及设计要求

1. 客户名称

稻香米业。

2. 客户需求

稻香米业是一家专注于提供高品质、健康谷物产品的公司，致力于为消费者提供优质的谷物选择，让每一餐都充满美味和满足。现需要制作大米包装，在画面制作上要清新有创意，符合公司的定位与市场需求。

3. 设计要求

（1）包装使用卡通绘图，给人以活泼感和亲近感。

（2）画面排版主次分明，增加画面的趣味和美感。

（3）整体色彩体现出新鲜清爽的特点，给人健康活力的印象。

（4）整体设计简单大方，易使人产生购买欲望。

（5）设计规格为396 mm（宽）×700 mm（高），分辨率为300 ppi。

项目素材及制作要点

1. 素材资源

图片素材所在位置：学习资源\Ch11\素材\制作大米包装\01~06。

文字素材所在位置：学习资源\Ch11\素材\制作大米包装\文字文档。

2. 作品参考

参考效果所在位置：学习资源\Ch11\效果\制作大米包装\大米包装立体展示图.ai。效果如图11-24所示。

3. 制作要点

使用矩形工具、渐变工具、"颜色"面板绘制包装底图，使用文字工具、"字符"面板添加产品名称，使用直线段工具、钢笔工具、椭圆工具、圆角矩形工具、"透明度"面板绘制装饰图形，使用文字工具、"字符"面板、矩形网格工具添加营养

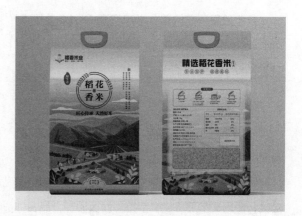

图11-24

成分表和其他包装信息，使用圆角矩形工具、"置入"命令和"剪切蒙版"命令制作图片蒙版效果。

课后习题2——制作坚果食品包装

项目背景及设计要求

1. 客户名称

松鼠果果股份有限公司。

2. 客户需求

松鼠果果股份有限公司是一家以坚果等食品的包装及销售为主的食品公司。现需要制作一款针对最新推出的坚果的外包装，设计要求传达出坚果健康美味的特点，且画面丰富，能够快速地吸引消费者的注意力。

3. 设计要求

（1）包装要生动形象地展示出食品主体。

（2）颜色的运用要对比强烈，能让人眼前一亮，增强视觉感。

（3）图形与文字的处理要体现出食品特色。

（4）整体设计要简单大方、清爽明快，使人产生购买欲望。

（5）设计规格为160 mm（宽）×240 mm（高），分辨率为300 ppi。

项目素材及制作要点

1. 素材资源

图片素材所在位置：学习资源\Ch11\素材\制作坚果食品包装\01~04。

文字素材所在位置：学习资源\Ch11\素材\制作坚果食品包装\文字文档。

2. 作品参考

参考效果所在位置：学习资源\Ch11\效果\制作坚果食品包装\坚果食品包装立体展示图.ai。效果如图11-25所示。

3. 制作要点

使用矩形工具、钢笔工具、填充工具和"透明度"面板制作包装底图，使用图形绘制工具、"剪切蒙版"命令、镜像工具和填充工具绘制卡通松鼠，使用文字工具、"字符"面板添加食品名称及其他信息，使用"置入"命令、"投影"命令、"剪切蒙版"命令和"混合模式"选项制作包装展示图。

图11-25